U0241471

臺灣肚皮

焦 桐◎著

生活·讀書·新知 三聯書店

图书在版编目（CIP）数据

台湾肚皮 / 焦桐著．—北京：
生活·读书·新知三联书店，2013.5
ISBN 978-7-108-04351-1

Ⅰ．①台… Ⅱ．①焦… Ⅲ．①饮食－文化－台湾省
Ⅳ．①TS971

中国版本图书馆CIP数据核字(2012)第280468号

责任编辑　王　竞
装帧设计　蔡立国
责任印制　郝德华
出版发行　生活·讀書·新知 三联书店
　　　　　(北京市东城区美术馆东街22号 100010)
经　销　新华书店
印　刷　北京昊天国彩印刷有限公司
版　次　2013年5月北京第1版
　　　　　2013年5月北京第1次印刷
开　本　880毫米×1230毫米　1/32　印张　7.125
字　数　151千字　图50幅
印　数　00,001-10,000册
定　价　35.00元

台湾肚皮

臺灣肚皮

目 录

序　饮食美典　廖炳惠 8

红葱头 11

九层塔 14

过猫 18

福菜 21

农村佳酿 30

小米酒 35

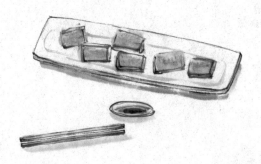

东方美人 41

酸柑茶 46

珍珠奶茶 50

铁路便当 55

白斩鸡 59

麻油鸡 65

三杯鸡 69

蒙古烤肉 73

福州面 77

清粥小菜 81

酒家菜 86

鱿鱼螺肉蒜 92

佛跳墙 98

肉羹 103

四臣汤 108

鸡卷 114

菜包 118

焢肉饭 123

乌鱼子 130

虾猴 135

五味章鱼 139

海鲜卷 144

竹筒饭 149

大肠包小肠 153

烧肉粽 157

碗粿 163

糕渣 167

润饼 171

巨峰葡萄 176

蜜红葡萄 181

文旦柚 185

玉荷包 191

绿豆椪 196

面煎饼 202

台北咖啡厅 205

附录 本书推荐餐饮小吃 211

序 饮食美典

廖炳惠

　　焦桐的新作《台湾肚皮》汇结了他近年来针对台湾各种茶点、佳肴、盛宴的走访和精研心得，这本散文集既是个人或家庭食谱的必要参考指南，更是华人社群通俗饮食的美学宝典。它的问世可说是老饕们的一大福音。

　　在四十余篇文章中，焦桐对台湾美味的缘起、材料、做法、品赏、争议、资讯，乃至其产销机制或消费方式（包括地址、特色等），无不一一加以描述和鉴定。通过诗人精彩而又精湛的文字，这些美食令人垂涎三尺，而且在阅读的过程中，我们便已仿佛置身大飨宴，被美味所陶醉、充实，进而提升到另一个感官万分满足的意境。

　　焦桐以美食、佳肴、机构、菜色、名声或评价问题为轴，切入各种形色的食材及烹调技艺，精选出有代表性的精华品牌，提供他长久以来沉浸其中的乐趣与品味感言。即便是日常的食材，如九层塔、红葱头，他都如数家珍，道出真正行家的见识与享受。

　　有一次台湾饮食业的泰斗陈飞龙（点水楼、潮江宴老板）邀约了各界好友到城中午餐，他想推出关于九层塔的台湾品牌菜，在我们一伙人的品头论足之后，点水楼目前已把九层塔蒸饺正式上桌，让大家惊艳不已。当然，九层塔这个看似来自南洋（泰国，甚至希腊）的食材，照理说不该是台湾菜的主角甚至配角，但是三杯鸡及许多台湾菜都离不了它，焦桐特别就九层塔的味道是否压过三杯鸡的"原汁原味"、让一些过期的鸡肉趁机混水摸鱼蒙骗过关，提出了专业的见解来释疑、澄清。即使是对不起眼的九层塔，焦桐都能以他的美食思考与田野访谈功力，提出颇具说服力的观点，让众说纷纭的公案顿时尘埃落定，剔透亮眼。

九层塔只是四十余样食材或美味之中的一个选项。从咖啡馆、珍珠奶茶，到蒙古烤肉、焢肉饭、润饼，焦桐均从食材到做法，做了精要的回顾与品评。众所周知，美味另一重要的元素是食材，因为原汁原味是饮食美学的核心，同时也是营养健康、生态环保及永续经营最根本的关键所在。最近，美国牛的瘦肉精问题已是如火如荼，逼出许多有关食材、利润及消费者的安全考量。台湾的"自然猪"或"放山鸡"乃至有机饮食，相较之下，都显出其本土性格或软实力的可靠及亲切。

除了食材的原真、永续及其口感，佳肴与做法、佐料、烹调技艺及成长历程其实是息息相关的，焦桐针对每一道菜的传统、创意及附有争议的做法，均加以分析，对省钱省事的另类替代方案则有些保留，但也接纳新实验，赞成创意产业的新主张。从这些食谱的细节里，读者即可获益，知道如何做出道地的佳肴。这可是开辟了美满人生的一个入口。

其次，焦桐也对美食的品牌店及其卖点（实料、创意）做了评估，让大家更进一步了解如何去玩味、鉴赏美食的精心营运之处，更能吃出其中的味道。

有机食材或生化实验成品的标示、考核与追踪，乃至这些新成分（从牛骨粉、荷尔蒙到双聚氰胺等）对人体有多大的影响或伤害，迄今仍有许多学术争论无法让消费者释怀。眼看着美国、台湾的癌症病患居高不下，实在很难令人放心吃一些来历不明的食物。焦桐的《台湾肚皮》其实是饮食安全的索引，他不断告诫消费者哪些店才是良心品牌，如何才能安心、开心、顺心。难能可贵的是每篇文章之后，焦桐都提供了这些招牌店的资讯，让我们得以按图索骥，享受一顿既健康又美满的飨宴。

焦桐与我已是二十年有余的酒食好友，道上的亲朋都知道我是他的餐饮跟班。其实，令人折服的，还有焦桐的诗、散文以及他爱护妻女的情谊。焦桐的多元创意及亲切笔触在《台湾肚皮》中展露无遗（当然，我们也都开始有了啤酒肚皮，但又很快乐地满足着）。很欣幸能为他的新书添几笔，我想读者一定会欣赏在他的肚皮之下的多年美食经验谈。大家好胃口（Bon Appetit）！

2012 年春于加州圣地亚哥

红葱头

红葱又称珠葱、分葱、四季葱头、大头葱，英文名 Shallot，原产于巴勒斯坦，是一种小型葱，属洋葱家族，长相介乎洋葱、蒜头间。成熟时，基部结成纺锤形鳞茎，鳞衣紫红，里面的肉则呈浅紫近白，晒干后即是"红葱头"。

成熟的红葱头往往是两三瓣团聚在一起，形成球状，貌似蒜头。台湾人广泛使用红葱头，最常以猪油或葡萄籽油炸成"油葱酥"。油炸时须谨慎掌控温度，油温过高会变焦、变苦，太低则炸不出香味。选购时，鳞茎较细长者较香。

此物比蒜头香，又不像洋葱那么呛，香味及辛辣度都相当含蓄，似乎带着哲学的味道。

红葱头生吃熟食皆宜，可谓料理中的萧何，辅佐菜肴成就美。它是料理中的最佳配角，从不强出头，主要任务是提升食物香气，其为用大矣，几乎可运用于各种烹调工法，举凡蒸、炒、煮、炸、焗、卤、焖、拌、烙、炝皆无不可，如炒肉、焗排骨、羹汤、拌面、焖肉、烫地瓜叶，都可见其身影。红葱也可以整株当蔬菜炒来吃，朱熹曾作诗教训女儿，其中两句："葱汤麦饭两相宜，葱补丹田麦补脾"，可见葱作为蔬菜的历史久远。

有时我会邀家人和朋友在木栅老泉里散步，山林景致总能涤除尘虑，运动流汗又令人神清气爽。吸引我去爬山的，恐怕更是山腰那家："野山土鸡园"，我喜欢吃他们自种的山蔬野菜，每次去例必点食炒珠葱，那珠葱颠覆了葱只能爆香提味的功能，清香爽口，吃进嘴里，仿佛沐浴习习山风，觉得自己和大自然紧紧相拥。

台湾红葱头产地以台南、云林为大宗，农历年后是盛产期，约莫清明前即采收结束。从前多以吊挂方式干燥保存，也有人在自家顶楼或阳台栽培，以秋季播种为宜，生长发芽率高，全年皆可种植。

我一直觉得南洋食物很亲切，可能是因为娘惹菜大量运用红葱头。法国所产的红葱头品质优良，依外皮分有灰皮、粉红皮、金棕皮三种，味道殊异，他们爱用新鲜的红葱头爆香；或将之浸泡于橄榄油中，方便烹饪中随时取用；或做成葡萄酒酱、鸡蛋奶油酱(Bearnaise sauce)，搭配各种沙拉、鱼、肉增香。

台湾人最普遍的做法是将它炸成酥脆的油葱酥，广泛运用于各种吃食，如制作 XO 酱，或面汤、拌青菜，风味小吃卤肉饭、焢肉饭、担仔面、沏仔面、粽子等等更是少不了它。家里自制过粽子的人皆晓，馅料中的灵魂就是油葱酥，粽子内可以没有肉，没有咸蛋黄、栗子之属，却不能缺少它。我们备料时总是先细切红葱头，边切边吹电风扇，吹走刺激泪腺的辛味。

很难想象，台湾人的餐桌若没有了红葱头，生活将多么乏味。

清晨出门，上学、上班的人潮还未涌现，街头那几家面摊便已开始营业，摊前的蒸气升腾，召唤过往人们的饥饿感。坐定，点食阳春面，汤上照例漂浮着油葱酥，画龙点睛般，使那碗面看起来精神饱满。一碗阳春面没吃饱，再叫一碗干拌面，自然是拌了油葱酥，香味浓厚实在，很快就又吃得干干净净，却强忍住不吃第三碗。路上的行人渐多，地铁站前已蜂拥着人潮，胃肠里有了油葱酥面条，仿佛多了一种振臂工作的能量。今晨只吃了两碗面，忽然很欣赏自己的克制力。

一天的清晨由红葱头来开启是美好的，那气味，宁静地进入心扉，在阳光明亮的路上。

古希腊、罗马人常吃红葱头，视它为春药，似乎没什么根据。然而红葱头有一种镇定的力量，抚慰海外游子的乡愁，按摩吾人的肠胃。

九层塔

相传古希腊、罗马时代，九层塔就有"香草之王"的美誉。大概是因其外形层层叠叠，闽南人才如此称呼。客家人叫它"七层塔"。英文名 Basil，西餐中叫"罗勒"，又名"零陵香"、"薰草"。

九层塔性喜温暖，日晒充足之处所产较为芳香。其品种不少，高纬度地区所生长的，味道和香气逊于热带地区；寒带地区所生长的甚至带着苦涩。

台湾全年都产，以夏秋之间最盛，秋末开花后，叶、梗都转为粗老，香气却更浓。这种香草有青梗、紫梗，紫梗香气较强；叶片细小者比乌黑肥大者更香。

九层塔是饱含台湾味道的香草，气味浓郁，略带辛辣，能增添菜肴的风味。烧酒鸡上桌前放一点进去，有意想不到的美味。由于香气独特，也广泛运用于海鲜料理。根据我的想象，它搭配生鱼片也是美好的。

九层塔的主要任务是调味，用以去腥添香，其舞台多在汤品、沙拉和酱汁，台菜中常见其身影，如肉羹、鱿鱼羹、生炒花枝、炒海瓜子、炒蛤蜊，以及三杯类菜肴如三杯杏鲍菇、三杯鸡、三杯透抽、三杯田鸡，或者直接用来干炸，如伴随盐酥鸡出现。或炒番茄，绿叶衬托红茄，味觉和视觉都十分艳丽；或烤茄子，将茄子烤熟软化，夹九层塔食用。新园乡新惠宫旁有人用来煎饼，成为地方特色美食。

客家人又比闽南人更爱用它来添香，举凡煎蛋、佐羹汤、咸汤圆、焖鱼、炒溪虾、卤猪脚，都常见其身影。客家庄的餐馆常用它垫在黄豆豉酱中，滋味曼妙。

此外，它更是披萨和意大利面不可或缺的佐料。将九层塔综合松子、乳酪、大蒜和橄榄油打碎搅拌，即是罗勒酱，也即青酱（Pesto Alla Genoves），道地的北意风味。越南菜也常用来生食以搭配烤肉，或放在蘸酱内以增添香味。我工作室附近有一家披萨专卖店，柴火窑烤，黄昏时买一块"罗勒鲍菇"披萨坐在公园内，边吃边看人们跳舞、运动、游戏。

这种辛香草几乎没有虫害，又多粗放、零星栽培。盛产时，市场菜贩常用来赠送顾客。售价虽然便宜，却适合自家栽种：一则吾人平常用量有限，又不易保鲜；二则做菜时，常临时想到用它，专程跑一趟市场太费劲费时，不若自家院子或盆栽中可随意摘取，因而乃是一般家庭阳台常备的盆栽。

然而九层塔不耐久存，也不宜久煮；放在冰箱里没几天就变黑，放在热汤中也一下子就转黑了。美好的事物多很短暂。羹汤中加九层塔，最好是熄火起锅后再放，才能有效释放芳香；若煮得过于熟烂，叶、梗内的芳香精油挥散殆尽矣。

意大利人最大的贡献就是将它浸泡在橄榄油中，有效储存了香味和鲜美。

九层塔生命力顽健，每年春夏间开花，秋季果实成熟后即枯萎。古代谓"蕙"、"菌"、"薰"，由于植株含芳香油，茎、叶、花都有厚重的香气，古人常用以熏衣，或当香包佩在身上。《楚辞》有许多地方提及，用香草来比喻贤能者，诸如《九章·悲回风》："悲回风之摇蕙兮，心冤结而内伤。物有微而陨性兮，声有隐而先倡。"又如《离骚》："杂申椒与菌桂兮，岂维纫夫蕙茝？""余既不难夫离别兮，又树蕙之百亩""矫菌桂以纫蕙兮，索胡绳之纚纚""既替余以蕙纕兮，又申之以揽茝""揽茹蕙以掩涕兮，沾余襟之浪浪"……白居易《后宫词》也说："泪尽罗巾梦不成，夜深前殿按歌声。红颜未老恩先断，斜倚熏笼坐到明。"

它似乎是永远的配角。不过也不尽然。获《饮食杂志》餐馆评鉴五星殊荣的台北"点水楼"，用九层塔设计了一套宴席，使这配角忽然有了亮丽的身姿，"九层塔拌香干"、"镇江肴肉"、"半天花九层塔"、"九层塔墨鱼烧肉"、"九层塔姜葱鳗片"、"塔香鲜肉一口酥"尤其表现杰出。

我特别欣赏"九层塔拌香干"，九层塔一变为主角，香得令人精神振奋。我们在上海常吃荠菜、马兰头拌香干，忽然重新认识九层塔，才惊觉原来真正的美人竟在自己家里。

点水楼（南京店）

地址：台北市松山区南京东路 4 段 61 号
电话：02–87126689
营业时间：11:00—14:30，17:30—22:00

过
猫

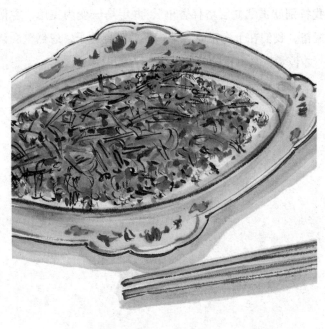

过猫
不是猫
人间是道
蔬菜美食
张

过猫菜即过沟蕨（Vegetable Fern）的嫩茎叶，乃鳞毛蕨科双盖蕨属，台湾原住民中以阿美族最识此菜，族语称呼"pahko"，日文为"クハレシダ"。由于嫩叶未展开前，其柄细长，尾端卷曲如凤尾，又叫"山凤尾"。过猫菜的卷状嫩叶一旦展开，即不宜食用。

在花东纵谷的田野、溪涧阴湿处常见这种野菜的身影。现在已堂皇地登上大餐馆台面。其生命力强韧，耐湿又耐热，甚少病虫害，栽培日多，台湾以南投、台东、花莲为盛。全年皆可生产，尤以5至10月最当令。

马来西亚称过猫为"芭菇菜"（puchuk paku），迄今仍为当地土著的日常食物，却一直未大量种植，马来人相信，自然野生的芭菇菜有魔幻神秘的味道与文化魅力，连接了艺术创作和民族文化图腾，带着热带雨林的气息。

王润华在我策划举办的"原住民饮食文学与文化国际学术研讨会"上发表了一篇论文，文中提到孩童时的晚餐桌上常有一盘芭菇菜，"是妈妈或姐姐在河边所采摘的美味野菜"，做法通常是加上巴辣煎（belacan）快炒，或者煮咖喱；"鲜少清炒，虽然芭菇菜的清香、轻脆口感十分迷人，但带有淡淡的野草味，也有一点泥土气息。但凡是品尝过几次巴辣煎炒芭菇菜，一定会怀念，甚至上瘾"。他感叹城市里很多华人餐厅为了抬高价钱，常将这道乡土野菜炒虾或肉，伤害了野菜的主体性。其实马来族还是喜欢凉拌着吃。

过猫卷曲的末端仿佛一个问号，似乎带着一种隐喻。王润华有一首《芭菇菜》，诗分三段，其中第二段曰："晚饭时／一大盘炒熟的蕨菜／仍然从泥泞般的马来酱里伸出手／高高举起巨大的问号／而我们全家人／在众多的菜肴中／最喜爱用筷子夹起问号／吃进肚子里／因为在英国殖民地或日军占领时期／南洋的市镇和森林里／有太多悲剧找不到答案"。王润华来自南洋，芭菇菜连接了成长记忆，有着乡土的呼唤，也有其魔幻性格和殖民色彩。

我曾在海口"琼菜王美食村"吃到五指山野菜，口感近似过猫，清香滑嫩，色泽翠绿。这种"鹿舌菜"又名"马兰菜"，在战争年代是战士的日常菜，故又名"革命菜"。现在野菜是时髦的盘中餐了，有人吃着吃着吃出感慨：从前在落后的旧中国，野菜吃得香却吃得不安宁；如今在高级餐馆品尝野菜，油然升起忆苦思甜的滋味。

过猫冷热皆宜，常见的烹调是凉拌、热炒、煮汤三法。热炒可加豆豉、辣椒、蒜头爆炒，也有人加入鸡蛋、覆菜，以麻油炒食甚佳；我觉得用来炒饭也美味。除了台湾、马来西亚原住民常吃，北美印第安人、大洋洲毛利人也爱吃。

凉拌的调味方式很多，诸如淋上油醋、果醋，或拌以各种沙拉酱、起司、花生粉、腐乳、酱油、芝麻、味噌等等。我的凉拌做法是：过猫洗净，切段，先以加盐沸水氽煮约七分钟，以去除涩味，再浸泡冷水。起油锅，爆香蒜末；下过猫、辣椒、调味料拌炒，起锅前拌花生仁。

过猫的口感滑溜，略带粘涩，菜虫犹不懂得品味，因而完全不需喷洒农药。原住民视为健康养生菜，中医也说它性甘、寒、滑，有清热解毒、利尿、安神功能。过猫在铁、锌及钾的表现上都相当突出，属于高钾蔬菜；锰含量也比一般植物多，锰能促进发育及血红素生成，对内分泌活动、酵素运用及磷酸钙的新陈代谢有帮助。

过猫是原始生命力的象征，其卷曲的嫩叶色泽如翡翠，姿态绰约撩人；味道宛如一首幽幽的乡村歌曲，清新，纯朴，抒情了我们的日常生活。

福菜

清白一生 臺灣蔬萃 齊

台湾客家庄在二期稻作收割后，农地常轮种芥菜。芥菜可以鲜吃，也多加工制作成酸菜、福菜、梅干菜。酸菜、福菜、梅干菜是台湾客家庄腌渍芥菜三部曲，酸菜又叫咸菜，是福菜、梅干菜的前世。

　　芥菜收割后，就地在田间曝晒一两天至萎软；再一层芥菜、一层盐入桶腌渍，压紧密封，发酵半个月，变成酸菜。

　　酸菜经过风干、曝晒，塞入空瓶中或瓮内，倒覆其出口，封存三个月至半年就变成福菜。填塞过程须用力填实，越紧越好，并倒弃溢出的水分。如果填得不够扎实，菜会发黑腐败。福菜原来叫作"覆菜"，这是因为存放福菜时，酱缸要倒"覆"着放的意思。

　　酸菜经过彻底的风干、曝晒，直到水分全失，再密封贮存，即变身为梅干菜。梅干菜正确的名称应是"霉干菜"，因为制作完成几乎已全干，又发了霉，但霉不是一个好字，大家遂以"梅"代"霉"。

　　芥菜又称长年菜、大芥菜、包心芥菜、雪里红、大芥、刈菜。芥菜10月下种，年底可收，应了年节的需求，因此在客家人冬末的餐桌上常见芥菜身影，甚至用作除夕夜的长年菜。邱一帆的客语诗《阿姆介咸菜》描述了酸菜和福菜的制作：

　　　　　该日　就像往摆共样
　　　　　适收冬过后介田窦肚
　　　　　阿姆用心血 种下了一行一行介芥菜
　　　　　该日　就 lau[1] 往年共款

――――――――――

[1]　客家语，"和"的意思。由于无相应汉字，故以拼音代替。

适日头晒等介田窦肚

阿姆用汗水　淋出一头一头介大菜

昨暗哺　屋家人有机会

围一圈同心介圆　坐下来

窒出一罐一罐介咸菜

诗以客语召唤族群情感，以日常食用的芥菜、酸菜重述族群记忆，说话者通过母亲辛勤种植芥菜、腌渍酸菜、和家人团圆吃菜，凝聚了亲情之美。

医书说，芥菜所含的抗坏血酸，是活性强的还原物质，参与机体氧化还原过程，增加大脑的含氧量，能醒脑提神，消除疲劳。此外，还能解毒消肿，抗感染，预防疾病，抑制细菌的毒性，促进伤口愈合，可辅助治疗感染性疾病。由于组织较粗，可明目利膈、宽肠通便，是眼科患者以及便秘人群的食疗佳品。

苗栗县是台湾最大的芥菜产地，其中公馆乡的产量又占了大半，同时也是最主要的芥菜加工区，可谓"福菜之乡"。

中国大陆的客家庄也广种芥菜，也据以腌咸菜，房学嘉在"客家饮食文学与文化国际学术研讨会"上发表论文，说咸菜有三种："擦咸菜"、"水咸菜"、"干咸菜"。"'擦咸菜'的制法是把芥菜晒至七八成干，用盐'擦'（腌）后入瓮，将瓮口用菜叶封紧。一个星期后将瓮倒扣于大瓷盆上，排出瓮内的菜酸液。这种咸菜是农家餐桌上的常见菜。'水咸菜'是将大芥菜晒至半干，再加上粗盐，搓到较为软和，然后将每根咸菜结成扎，装在'龙衣瓮'中，用水腌制，密封起来，经年不坏。而'干咸菜'，则将鲜芥菜焯后晒至半干，继而团结放锅中蒸，蒸后再晒，晒后又蒸，经过三五次的重复而成。"以上，擦咸菜与台湾酸菜做法一样，水咸菜、干咸菜则迥异。

客家人长期动荡迁徙，不安全感恐已形成一种集体潜意识，那是一种在长期不稳定生活中追求安稳的适应策略，为了便于携带并储存过剩的蔬菜，广泛使用日晒、腌渍的方法，制备耐留的食物，久而形成酱缸的陈香美学。

客家庄多开门见山，较劣的生产条件造成较高强度的劳动力，他们需要补充脂肪和盐分，于是养成了又油又咸的饮食习惯。相对贫困的农业经济，又型塑了勤俭持家的客家人，擅以日晒、腌渍方式储存食物，客家菜肴中广泛使用的酸菜、福菜、梅干菜，即是在保鲜困难的年代所发明的，期能长期保存这些芥菜。

台湾虽小，福菜亦有南北差异，北部对福菜的定义较为严谨，南部有人用高丽菜取代芥菜制作福菜，亦有人称鸭舌草为福菜、菔菜，钟铁民《菔菜？好吃！》中叙述：

菔菜的这个菔字，客家音念起来像"降服"的"服"字，也有人称作福菜；闽南话念起来则像"学菜"。它虽然被称为菜，事实上却是生长在水稻田中的一种杂草，学名称作"鸭舌草"。尤其6月大冬禾秧苗莳落土以后，菔菜随着秧苗，密密麻麻地在水稻行间发芽生长，如果稻田的土地肥沃，往往长的比稻苗还要快还要好，如果不管它任它生长，它会喧宾夺主一时包荫住秧苗，影响稻子的发育，所以种田的农友们自来就视之为大敌，除之唯恐不快。从前蹦田搓草，主要对付的也就是这种蕨菜呢。

鸭舌草这种野菜，南部客家人常吃，北部则鲜见。刘克襄在《失落的蔬果》中也提及："南部美浓一带，鸭舌草可是被人们大量地栽培，被列为可口的菜肴。还有人特别牺牲休耕的水田，专业培植。当休耕的水田注入水后，几星期内即可生长。"不过，鸭舌草毕竟不是我们熟悉的福菜。

福菜是自然发酵，不含防腐剂、色素及添加物，呈现一种高尚的"古风"。它在制作过程中需要大量曝晒，充满了阳光的味道。

在密封的坛内，干燥而紧紧叠压的菜，在发酵过程中会产生二氧化碳等气体，倒覆容器并紧封出口，容器内的气压大于外面，令外面的杂菌不易进入，以免破坏了未发酵好的菜。从前多以荷叶封口，现在则是罩上塑料套，再捆上绳索勒紧，在容器四周洒上火灰或石灰。从前农村自制福菜，那些瓶瓶罐罐都堆放在眠床底下，现在则制成真空包装贩售。此外，现在制作福菜已半自动化，用机器震动清洗，更能洗净菜里的杂物。

通过福菜、梅干菜、萝卜干等等这些食物的再现形式（representational forms），重复制作，延续了客家庄的集体记忆。像2011年"行政院客委会"举办的"齐力趣踩福：千人踏咸菜"活动，来自全台各地超过1500人穿上鞋套，一起站在巨大的塑料桶中踩芥菜。踩福菜，带着采福的隐喻。

这是一项大规模的继承传统的活动，一种象征仪式，彼此和不认识的人传递共有性，共同收集回忆，再通过强力传播，召唤族群感情，重复巩固共同体的血缘关系。

不过千人踩福菜更像一场丰收嘉年华，我在电视上看大家兴奋地在桶内跳舞、对着镜头微笑，其实并非正确的踩菜方式。踩菜的目的是把缝隙挤压到最小，务令桶内没有空气，并排出菜叶里的水分；踩踏的方式是身体缓慢转动，缓慢出力地踩踏，令芥菜密实，踏密实了才不会发霉，届时才能装到瓶中制作福菜。

这种瓶中菜最初的意义是节俭惜物，后来才发现它的美好。最常和福菜搭配的是猪肉，它有效吸纳油脂，释放甘美，进而提醒了猪肉的味道。

福菜之为用大矣，可煮可炒可卤可焖可蒸，搭配各种食材烹制。那天然发酵的气味，丰富了菜肴的滋味；它的酸味可启发味蕾，并促进油脂的分解，有效矫正重油重咸的客家口味。

福菜和梅干菜都带着山野气息。由于晒制过程不免沾惹杂质，烹煮前需多加冲洗，涤净再下锅。选购福菜时，以色泽淡黄者品质较佳，可用来卤肉、卤桂竹笋、炒冬粉、炒蕨菜、炒苦瓜、焖猪肚、苦瓜镶肉、蒸鱼、蒸肉、蒸冬瓜扣肉、煮肉片汤、煮鸡汤、煮排骨汤……

苗栗有很多美味的客家餐馆，"龙华小吃"和南庄"饭盆头"的梅干菜扣肉都中规中矩，梅干菜的质地佳，完美帮助五花肉达成任务。梅干菜在这道菜中扮演着要紧的角色，梅干菜晒得好不好，直接关系到成败。苑里"闻香下马"是一家优质小餐馆，其"福菜肉丸"表现创意，又呈现出正宗的客家风味。

我去学校上课时，中午常就近在"新陶芳"吃福菜肉片汤。平日辄在龙泉市场内一摊贩处吃福菜炒苦瓜，总觉得它提升了整个清粥小菜摊的地位和品质。福菜轻淡的涩味刚好修饰了苦瓜的苦，两者又皆能回甘，彼此互为宾主，如潮汐陪伴沙滩，如和风抚摸树林，如月光拥吻海洋，它们表现了调和之美。

闻香下马
地址：苗栗县苑里镇天下路 98 号
电话：037—864662
营业时间：平日 11:00—15:00，
　　　　　假日 10:00—20:00，周一休息

饭盆头
地址：苗栗县南庄乡南江村小东河 8—1 号
电话：037—825118，0921—346118
营业时间：10:00—20:00

龙华小吃
地址：苗栗县苗栗市胜利里金龙街 122 号
电话：037—337979，0932—526280
营业时间：11:00—14:00，17:00—21:00

風景

壬辰二月

春雨

綿綿

沐過某華

龍之西街坊

達宇

帝飘

农村佳酿

臺灣的釀酒文化充滿著青春的活力和迷人的氣息　李蕭錕

台湾在 2002 年开放民间酿酒，农村酒庄迅速成长，短短几年已有可观的成绩，好像在宣告酿酒工业开始起跑。这些农村酒庄多在山水明媚的地方，它们除了年轻、充满追求的活力和可塑性，还有一种共同的趋势：结合休闲旅游。

台湾是水果宝岛，农村酒庄经营酿酒工业，多以梅子、葡萄、草莓、李子等水果为原料，有些品牌俨然已有明日之星的架势，例如大湖酒庄的草莓酒"典藏情莓"、玉山酒庄的梅酒"微醺时刻"、车埕酒庄的梅酒"车埕老站长"。

这种从发酵的果汁中蒸馏出来的酒，法文叫"生命之水"（l'eau-de-vie），在酒精的香醇中闪耀着魅人的光泽，娇弱，也充满野性的力量。

我特别想提树生酒庄的"冰酿甜酒"和雾峰乡农会的清酒"初雾"。"冰酿甜酒"的酒精度约 10%，选用自家栽种、具奶油味的金香白葡萄酿制，酒色淡金，酒质轻淡，甜度不高，果香浓郁，适合冰镇后饮用。树生酒庄另一款"金香白葡萄酒"也有不错的口感，酒色淡黄略带青绿，清香优雅，温和平顺。

雾峰乡农会的清酒"初雾"令喝过的朋友都惊艳：台湾竟能酿出如此愉悦人心的纯米吟酿？果真是台湾人酿的吗？不是从日本带回来的？"初雾"之出现江湖，确实得到过日本东北大学广井忠夫的指导，以自家栽种的益全香米为原料酿造，精米度 60%，香气淳郁，蕴含清淡含蓄的性格，气味、喉韵皆属上乘。

台湾的农村酒庄可能还不擅长行销企划，却很有创意。信义乡农会是其中最会说故事的酒庄，所生产的酒都带着叙述性，都有漂亮的名字，充满原住民的风趣幽默，如"忘记回家"、"长老说话"、"梅子跳舞"、"小米唱歌"、"山猪迷路"等等，电影《海角七号》讲到的小米酒就是他们所产的"马拉桑"。"忘记回家"是梅酒,酒瓶呈圆锥形,又称"勇士的血液",酒精度25%,难怪喝了要忘记回家。

又如车埕酒庄,融入了地方的铁道文化,酒品命名都和铁道有关,如"铁道公主"、"车埕老站长"、"列车长"。"铁道公主"选用水里所产的梅子酿造,色泽金黄,酒庄的宣传手册上如此叙述:"在70年代集集支线的通勤列车上,有位最明亮可爱的少女,她是所有少男们心仪的对象,也是当时所有火车族的共同回忆,更是许多人存封多年的暗恋。这个甜美的女孩,我们都叫她'铁道公主',品尝之间仿佛时光回到往昔,又见到那健康美丽的身影缓缓走来。"酿酒的过程渗入少年暗恋的形象,仿佛也增添了迷人的气息。

我觉得台湾的农村酒庄都很拼,也希望为这些认真耕耘的业者打气,于是有了美酒配佳肴的构想。2007年,我请"天下第一锅"的何京宝先生和"红利意大利餐厅"的林玮浩先生各自率领他们的团队,针对几款佳酿分别设计出搭配的中、西两种套餐,借以酒入菜的烹调方式,开拓这些酒的可能性和附加商机。这项构想以品酒试菜会的形式呈现,地点设在我家里的实验厨房,参加的客人有平路、李昂、李健全、何丽玲、邱坤良、黄春明、陈幸浩。

后来我又在台北"天香楼"和桃园"福容大饭店"举办水果酒料理宴,拜托杨光宗主厨和陈庆丰主厨设计菜式,前者邀请宇文正、李魁贤、张正杰、陈静宜、蔡素芬、廖寿栈品评,后者邀请李寿全、林清财、林继生、刘克襄、廖之韵鉴赏,这些农村佳酿,连接了我和朋友们同餐共饮的经验。

目前台湾的水果酒大抵偏甜,较不适合搭配菜肴;可用来调酒,或搭配餐后甜品(如水果塔、杏仁及坚果蛋糕)和新鲜水果。

树下
坐
图

辛亥夏李为昌□画

获《2010北台湾餐馆评鉴》最高五星评价的"点水楼",选购了不少农村水果酒在餐厅供应。放眼中餐厅,点水楼的甜点可谓佼佼者,诸如"柠檬芦荟"、"草莓奶酪"、"奶皇玉露包"、"有机黑糯米年糕",吃过都不免吮指回味,现在又结合了本土佳酿,使江南美食和台湾农村有了快乐的结合,例如柠檬芦荟配冰酿甜酒,不遑多让于高档法、意餐馆里的甜点配波特。

无独有偶,获《2010台中餐馆评鉴》唯一五星评价的"金园中餐厅",最招牌的"台湾一品宴"套餐,就选用了信义乡农会酒庄的"马拉桑"作餐酒,可见这两家高档餐馆鼓舞农村酒庄的心意。

酿酒是一种工业,也是一种艺术,表现出文化和品位,实非短短数载能臻极致。我们期许未来台湾的酿酒学。

点水楼(南京店)
地址:台北市松山区南京东路4段61号
电话:02-87126689
营业时间:11:00—14:30, 17:30—22:00

树生休闲酒庄
地址:台中市外埔区甲后路水头巷1—15号
电话:04-26833298, 26830075
营业时间:周一至周五 09:30—17:30
　　　　　周六、周日 09:00—18:00

信义乡农会酒庄
地址:南投县信义乡明德村新开巷11号
电话:049—2791949
营业时间:08:00—17:00

雾峰农会酒庄
地址:台中市雾峰区中正路345号
电话:04-23399191
营业时间:09:00—17:00

金园中餐厅
地址:台中市西区健行路1049号
　　　(中港路口)日华金典酒店15楼
电话:04-23246111
营业时间:11:30—14:00, 17:30—21:00

小米酒

「忘記回家」是臺灣道地梅子酒，農村佳釀富創意之「勇士的血液」，喝醉後常忘了回家路。郭

小米酒最初见于台湾原住民的丰收祭典，大概除了达悟族，各部族皆有生产，也都有自己的小米酒文化，如排湾、赛夏、泰雅、布农、阿美、卑南等等，小米酒已长期融入原住民的生活中，除了联系族人和朋友间的感情，更象征纪念祖灵、敬畏天地的意思。

小米酒乃自然发酵法酿造，首先要精选小米，重复清洗，浸泡，蒸煮至半熟；冷却后拌曲发酵，约十到十五天形成酒涝；加糖加水，进行第二次发酵，此时酒涝表面开始冒泡，展现爆发的生命力；熟陈后再经压榨、过滤、勾兑工序，才可装瓶。酿造成败的因素很多，包括小米的优劣、去壳的精白度、水的质地、挤酒的技术、气候等等。

小米古代称"粱"、"粟"，自古为北方人的主食，栽培甚早，考古证据显示新石器时代即开始种植；《诗经》唐风、豳风、小雅、大雅皆有歌咏；《楚辞》中也以它作为主要的祭祀供品。又如杜甫《赠卫八处士》诗中名句：夜雨剪春韭，新炊间黄粱。料想当时他和朋友饮的酒，极可能就是小米酒；另一首《同诸公登慈恩寺塔》末两句亦云：君看随阳雁，各有稻粱谋。

小米的品种不少，米粒较粘者称"秫"，或"糯粟"，较不粘的就叫"粟"或"籼粟"；后魏时的《齐民要术》即已记载八十六种。三国时期沈莹的《临海水土志》记载台湾原住民擅长狩猎、捕鱼和种植谷物，"用粟造酒，木槽储之，用大竹筒长七寸饮之"，可见用小米酿酒由来也很久了。

原住民酿小米酒，最初是嚼粟造酒母，《诸罗县志》载："捣米成粉，番女嚼米置地，越宿以为鞠，调粉以酿，沃以水，色白，曰姑侍酒，味微酸。"当然，现在已多用发酵粉搅拌。

只有优质的小米才能酿出优质的小米酒。台湾的小米酒中我最欣赏宜兰"不老部落"所酿，号称以古法酿造，百分之百小米酿制三个半月而成。这是最年轻的泰雅部落，却是古老的部落形态，泰雅女婿潘今晟（Wilang）散尽家财，努力要将部落打造成为理想的人民公社，族人每天到部落上工，一起耕作、织布、吃饭，收入依贡献多寡分配。

有一年尾牙，"二鱼文化"和"心灵工坊"联合在不老部落举办，一开始的迎宾酒唤"气泡小米酒"，乃用酒酿下层调配啤酒而成，冰镇后饮用尤能清神，大家各自拿着长串竹签烤猪肉，即烤即食，边吃边喝气泡小米酒，十分痛快。接着又喝小米清酒，14% 的酒精度，乃取酒酿最上层的部分。佐餐时喝纯正小米酒，色如甘蔗汁，微酸，微甜，余韵浓郁，杯底有较多小米沉淀。不老部落的小米酒包装很简单，没有任何图饰的透明玻璃瓶，外面包着一张白报纸，上书一段故事：

> 相传在三四百年前，祖灵派遣一只小鸟叼来了小米的种子，从此泰雅族才开始种植小米，为感谢祖灵，泰雅族人每年都会酿制小米酒以献祭祖灵。
>
> 小米酒在泰雅传统中是十分珍贵的饮料，主要是在祭典中使用，味道清纯带有小米香味，尝起来甜甜的，口感与风味非常特别。泰雅族热情豪爽，把喝酒当作诚恳待人之道，衍生共饮文化称为"柯和吉"，表达人与人之间的和睦相处，及相互祝福之意。因此，泰雅的老人常会对人说："请你饮用我的柯和吉。"

这段故事予人珍贵感，生动地叙述了泰雅族的小米酒起源和共饮文

不同於
云南貝的
米酒、台
灣民间
自釀的小
米酒具有
觀光的發展
潛能呢。

化。泰雅族喝酒前，都先酒祭：以手指蘸酒在地上点三下，口中念祷。这一点和蒙古族相似，享用之前先敬天，敬地，敬祖先。

小米酒的最佳饮用温度近似白葡萄酒，温度虽低，热情却会醉人。原住民朋友待客的热情通过小米酒表示，往往表现为"毁灭性地招待"。

我的卑南族朋友孙大川每次喝酒都埋怨："你们汉人很奇怪，喝酒都不唱歌的"，口气中流露出一种卑南族的优越感。卑南族好像是天生的歌者，苗栗"力马工坊"主人南贤天来自南王部落，人称"情歌王子"，我几次听他高歌，歌声令周围的熟女们迷醉；他所推出的小米酒加了柠檬，十分清爽，命名为"祖灵的呼唤"。

是啊，饮酒当须放歌，曹操名诗《短歌行》第一句就唱"对酒当歌"；杜甫《闻官军收复两河》也说"白日放歌须纵酒"。喝小米酒最适合以歌声来开瓶，我听过"南王姊妹花"演唱小米酒歌，歌曰：

醇醇的小米酒哦　香香的小米酒哦
是我浓浓的情意　我敬你贵客
连杯的那端请你来喝　连杯的这端我来喝

醇醇的小米酒哦　香香的小米酒哦
是我浓浓的情意　我敬你贵客
连杯的那端请你来喝　连杯的这端我来喝

我们一起干了这杯儿　兴起时何妨高歌　我拍手你来和
你高歌我来和（你高歌我来和）

你高歌我来和（你高歌我来和）

没有心机　没有烦恼　真快乐

　　刚迁居木栅，虽然尚未整理就绪，仍邀了美杏、文辉、小杨、清和两对夫妻来喝酒，我们先喝玉山酒庄晚近推出的"原野之歌"，再饮不老部落的小米酒，最后再开一瓶大吟酿，三种酒都是米酒。我平日琐事缠身，疏于联络朋友，相聚时也只能临时做了些干拌面待客，非常汗颜。

　　小米酒是台湾最原始的酿造酒，迄今仍流行，而且在行销包装上戮力进取，现在已经颇有时尚感。这是一种充满感情的酒，还散发着环境氛围。台湾的好风景都不乏小米酒，例如我们旅游阿里山、日月潭，还有什么比邵族小米酒更适合高山涧水？

不老部落
地址：宜兰县大同乡寒溪村华兴巷 46 号
电话：（日）0919-090061
　　　（夜）03-9614198
营业时间：10:30-16:30

玉山酒庄
地址：南投县信义乡东埔村开高巷 139-16 号
电话：049-2702971
营业时间：08:00-17:00

东方美人

黄义的长篇小说《东方美人》讲述了东方美人茶铺的"茶叶大王"姜阿鑫与香妹、莲妹两位客家女性的情义故事，其中穿插了许多客家民谣，表现了山歌相褒的传统。

东方美人茶出现于19世纪的台湾客家庄，有多种别称。早期的毛茶运抵大稻埕茶栈，出口前需在"番庄馆"再经过烘焙与拣茶，故旧称为"番庄乌龙"。由于嫩芽的白毫很多，故又称"白毫乌龙"。各地称呼也不尽相同：产于新竹县北埔乡的名"椪风茶"或"膨风茶"，产于新竹县峨眉乡者称"东方美人茶"，产于苗栗县头屋乡、三湾乡则唤"番庄乌龙"。此外，另有"冰风茶"、"烟风茶"、"蜒仔茶"、"五色茶"、"老田寮茶"等等，每一种别称都附会着故事。

相传百年前，英国维多利亚女王冲泡台湾乌龙，见其外观艳丽，犹如绝色美人在水晶杯中曼舞，品饮后女王非常惊艳，遂赐名"东方美人"。这故事很无稽，完全不可信，却相当美丽，流露着自我东方化的浪漫想象。

新竹县的峨眉乡、北埔乡为台湾东方美人茶的最大产地。新竹、苗栗一带以"青心大冇"为主要茶种；坪林、石碇则以"青心乌龙"为主，辅以少量的"白毛猴"。我偏爱青心大冇，平日所饮，多来自竹苗地区。

采收茶叶在端午节前后十天，炎炎夏日，被小绿叶蝉（浮尘子）吸食的茶芽称为"着涎"，着涎程度决定了茶叶品质之优劣。采摘须用手工，只能采一心一叶或二叶未开面之芽叶制作，取其白毫显著、茶芽细小。所采心芽以肥大具白毫者为佳，白毫越多越高级。一斤白毫乌龙茶通常需手采三四千个嫩芽才能制成。茶菁需经过手工揉捻，发酵才均匀，茶形也才会美丽；炒菁、干燥用低温。其发酵以接近红茶的程度制作，在半发酵青茶中是发酵程度最重的，因而令儿茶素氧化大半，不带苦涩。

和一般乌龙茶制程不同：炒菁后，以布包裹，置入竹篓或铁桶内回软，即二度发酵；再进行揉捻、解块，烘干成毛茶；再经分级、精制焙火、包装。叶身呈白、红、绿、黄、褐五色相间，好像满腔心事。

除了制作繁复，遭受小绿叶蝉侵害的茶园，产量会减少10% ~ 20%左右，在在是东方美人茶价格较高的因素。

世事多不完满，人生亦多缺憾，美好与否端视我们如何对应。钟肇政小说《鲁冰花》中描述的茶虫，折磨着贫病交加的古阿明一家人，也成就了阿明的绘画天分。古阿明画中的茶虫很狰狞，不但啮食茶叶，还吃掉人手中捧的饭，透露着茶农的恐惧与辛酸。

小绿叶蝉则个头很小，它把锯齿状的触须扎进叶子，吸收养分却不吞噬叶子，其分泌物在阳光的照射下产生酵素，令嫩叶无法进行正常的光合作用，发育受阻，颜色变成金黄。节俭的客家人拿这种遭受病虫害的茶叶来制成半发酵茶，茶汤呈鲜艳琥珀色，茶味极醇，有独特的蜂蜜芬芳。没想到蜜香竟来自病虫害，叶芽经小绿叶蝉叮咬后，使"茶多酚"增强、"茶单宁"增加。茶园为了吸引小绿叶蝉群聚，绝对不能喷洒任何农药，这是标准的有机乌龙茶，是乌龙茶最高级的形式。

例如贵腐葡萄酒，葡萄颗粒受到 Botrytis Cinerea 霉菌感染，被蛀出肉眼看不见的小孔，使葡萄里的水分因蒸发而干瘪。原本的病虫害令葡萄果实变得更甜，并产生更圆滑饱满的甘油，形成恋爱般的芬芳。

当初若非小绿叶蝉之着涎，则无东方美人茶；着涎的茶叶本来是缺陷，却变成东方美人的灵魂。大抵好物多瑕疵，缺陷往往存在着深刻的内涵，正如《巴黎圣母院》所描述的卡西莫多，那美丽的心灵，仰赖丑陋的外表来彰显。断臂维纳斯之美，可能就在于残缺的手臂，否则那双手将用什么姿态摆在何处？我怀疑，林黛玉若非成天病歪歪的，会惹人怜爱？

一般农作物遭受病虫害皆是负面影响，唯独小绿叶蝉对重发酵的白毫乌龙具正面贡献，使其成为乌龙茶中的极品。这种制茶文化中的偶然，令东方美人之茶香呈现一种戏剧性张力。易卜生剧作中我最爱他晚期的《野鸭》，他指出那个被谎言维系的婚姻是"救命的谎言"，令人动容。此剧已不复见《玩偶之家》、《人民公敌》时期那种宁为玉碎不为瓦全的火气和张力，而是一种被人生折磨过的宽容和温和。

泡东方美人茶讲究温和，水温不可太高，我的经验是以70℃～80℃最能表现韵味，冷泡亦相当迷人。台湾饮料广告成功型塑过土气十足的"开喜婆婆"，农妇妆扮，大红头巾、口红、憨直的笑声，唤起了本地情怀，不但刮起瓶装冷饮茶的旋风，更创造出新的流行思考。东方美人茶很适合冷泡，希望开喜婆婆重出江湖，改卖这种冷饮。

着涎是小绿叶蝉蛀过的标志，那新芽含着小绿叶蝉的分泌物，芽叶蜷曲变黄，生长停顿，封存了独特的熟果香和蜂蜜气味，带着抒情性格。制茶师必须认真制作才对得起这特殊的戳章，也才能令果香和蜜味共谱奇妙的韵律。

仿佛天使的吻，美丽的烙印。《罗密欧与朱丽叶》第五幕所咏叹的："她吻着我，把生命吐进了我的嘴唇里，于是我复活了，并且成为一个君王。"吻，往往很奇妙，深情一吻，能刺痛心灵，也能坚定意志，美化生命。那是夏天的吻痕，岁月忽已晚，封存的气味被热水烫醒，回到这杯茶汤里。

日新茶园
地址：苗栗县头份镇兴隆里上坪 5 邻 29 之 1 号
电话：037—663749
营业时间：8:00—20:00，周日 13:00—20:00

徐耀良茶园
地址：新竹县峨眉乡峨眉村 10 邻 89 号
电话：03—5800110，0930—842075

酸柑茶

我曾经带"饮食文学专题研究"的研究生赴头份"日新茶园"，采访园主许时稳先生，实地了解日光萎凋、室内萎凋、炒菁、揉捻等现代制茶过程，也访谈关于果茶的制作。客家庄的果茶有酸柑茶和柚子茶，尤以酸柑茶为大宗，两者的制作方法相同。至于柚子茶，非指韩国进口的蜂蜜柚子茶，乃是台湾客家庄的特产。韩国货比较像果酱，并无丝毫茶味，甚甜，冲泡后仿佛果汁，适合调制鸡尾酒。

许时稳曾当选台湾十大杰出农村青年，是茶厂第四代经营者，是有着高度自觉力和远见的茶农，长期栽培有机茶。生产天然健康的茶叶，不仅费时、费力，产量也远不如惯性施药的茶园，我们乐见日新所产制的乌龙茶、东方美人茶及酸柑茶日益受到好评。

酸柑茶选用的是虎头柑。虎头柑外形硕大，皮厚，色泽澄红鲜艳，除了在树上，较常见的是在台湾人过年的供桌上，观赏用途大于吃食，盖其果肉酸涩，只适合用来贿赂神明。

春节过后，虎头柑失水干瘪，勤俭惜物的客家人遂制成果茶。酸柑茶的标准工序是九蒸九晒。首先用特制的金属圆筒在虎头柑顶部切割出缺口（或倒扣杯子沿杯缘切割），保留割下的柑皮做盖子；再剜取果肉，挑剔果籽，绞碎果肉成泥，混合盐、甘草、薄荷、紫苏和茶叶，回填进虎头柑内；回填时务必往紧里塞，塞得虎头柑圆滚滚的，再盖回原先取下的柑皮顶；然后以铁丝或橡皮筋绑紧那茶柑，送进蒸笼，蒸后要经过曝晒、烘、压等工序，如此这般九次，直到完全干燥才算完成。共需费时三个月。

龙潭"福源制茶厂"传承已五代，所制酸柑茶的工序稍有不同：首先是舍弃切割下来的柑皮，另觅较大的柑皮做盖子，令柑皮盖与柑身能更密合，无虞蒸晒过程因缩小而脱落，因而无须绑紧虎头柑；其次，仅以茶叶塞入柑内，不添加任何中药材或青草；最后将处理好的虎头柑排列整齐，上下以两块木板紧压成扁圆形。

这是有道理的，蒸熟蒸透再晒干烘干，才经得起陈放。陈年的过程，酸柑茶会逐渐变皱变小，需重新捆绑；颜色也会逐渐变深，由土黄、深褐而黑。

酸柑茶堪称紧压茶，成品硬如石头，须赖铁槌整颗敲碎，连皮一起冲泡，所幸茶厂也制成茶包销售。

这种台湾客家人的特殊养生茶饮，源自广东梅县，现在以桃竹苗一带为主，南台湾罕见酸柑茶。起初，酸柑茶是以药效为目的，制茶多添入几种青草，并加盐去除酸味和苦味。混合茶叶的青草各家所制不同，除了前述甘草、薄荷、紫苏，另有菊花、枸杞、大风等等。这有其中医学理，不仅那些青草，盖柑皮烘干即为"陈皮"，本身即有化痰、镇咳、解热之功效。

果茶所用的茶叶并非什么好茶，大抵是制茶过程中淘汰的"茶角"。酸柑茶的青草味远甚于茶香，其性味功能接近马来西亚的"何人可凉茶"。何人可凉茶亦是一种保健茶饮，宣称用二十四种天然草药结合茶叶制成，有清热解毒、清肺润燥的功效；虽曰凉茶，冲泡热饮较佳。我感冒时殊少看医生，总是冲泡酸柑茶或何人可凉茶饮用。

茶与中医自古即关系紧密，茶疗在唐代已成气候，陆羽《茶经》、孙思邈《千金方》、孟诜《食疗本草》等等皆不乏记载。诗僧皎然的名诗《饮茶歌诮崔石使君》喻剡溪茶为长生不老的"琼蕊浆"，几乎已是普遍的认知。又如"何须魏帝一丸药，且尽卢仝七碗茶"，可见东坡居士亦笃信茶疗之效。直到今天，"八仙茶"、"枸杞茶"、"川芎茶"、"珍珠茶"、"天中茶"……仍被广泛习用。

酸柑茶越陈越香，辛辣的柑皮，酸味的柑肉，略带苦涩的茶叶，经过岁月的转化，像老夫老妻，逐渐把粗砺磨平，逐渐化尖锐为圆融，令顽固变得柔和，呈现一种温润感。

然而也不能老得太过分。多年前和几位热衷品茗的茶人组成"茶帮"，这个地下帮会组织共推林珊旭为帮主，经常以茶会联谊，相招饮好茶，有时还颇有斗茶的况味，往往一饮就一整天，确实也品了不少珍茗。世事玩久了不免玩得过火，有人竟拿出储存一百多年的酸柑茶，看着那颗宛如木乃伊的酸柑茶，着实有些忐忑，不知如何对付它才安心。那次夜饮由詹勋华执壶，虽然是高手执壶，勉强喝了两杯，大家就不想再继续了；那茶汤色泽极深，茶味、柑味俱杳，剩下淡淡的苦；有沉香味，强而有力地召唤了什么古老的事物，晒谷埕，亭仔脚，还透露着诡异的喧闹氛围，带着一种戏剧感。

酸柑茶制作费时耗工，缺乏经济效益，传统技艺恐虞失传。台湾的茶产业，客家人大抵包办了五分之三，我们好像也只能寄望客家人来维系酸柑茶。

这几天感冒，我又拿出酸柑茶冲泡滚水，闭目啜饮，杜甫的诗句忽然就浮了上来，"人生不相见，动如参与商"。近几年"茶帮"的朋友各奔西东，许多人失去了音讯，如 Peter、大谢、程延平、朱隽，有人发生了一些事，有人移民加拿大，真的是"世事两茫茫"了。

日新茶园
地址: 苗栗县头份镇兴隆里上坪 5 邻 29 之 1 号
电话: 037–663749
营业时间: 8:00–20:00，周日 13:00–20:00

福源制茶厂
地址: 桃园县龙潭乡凌云村 39 邻 42 号
电话: 03–4792533

珍珠奶茶

新人二重
奏牙杯
兩人用
臺灣
古早
禮囍
事這
欵多
味號

台湾人在 1980 年代发明了珍珠奶茶：冰红茶掺入牛奶、糖，再加上粉圆。四十年来，形式变化甚微，倒是增添了不少口味，作为基底的茶品也多了绿茶、各式花茶和热饮。

珍珠就是大颗的粉圆，乃黑糖浆、地瓜粉或木薯粉再制；传统制法是将地瓜粉和水拌匀，再搓揉成粒状，然后以筛网筛出即成。后来发展出的同类产品还有"青蛙下蛋"、"波霸奶茶"；后者和香港艳星叶子媚的走红有关，她以令人心律不整的巨乳外号"波霸"这一性感语汇传入台湾后，好事者遂戏仿命名。

奶和茶的结合可能起源于唐代。当年文成公主下嫁松赞干布，带去茶叶，传授当地人烹茶技术，并用牛奶、羊奶熬煮茶叶，据说他们爱死了这种清香美味的奶茶，已经到了"宁可三日无粮，不可一日无茶"的地步。

不仅美味，其中还存在着养生的道理。中医观点认为奶茶能解腥去膻，清内热。北方的游牧民族长期吃肉，体内维生素和无机盐不足，导致营养失调、消化不良，喝奶茶刚好可以缓解这些现象。

清代的皇室祭祀，都要奉一碗奶茶来表示敬意。宫廷筵席还把赐奶茶作为隆重的礼仪制度。为了敬重奶茶，乾隆皇帝有一只白玉镶红宝石的奶茶碗，专门在重要筵席上自己喝奶茶或赐奶茶用的。这只碗使用完美无瑕的和阗玉制作，在碗外壁近底部和圈足表面，错饰金片的花草，并用 180 颗红宝石嵌成花瓣。

"我的马丁尼用摇的，不用搅的（I want martini shake，not stirred.）"，好莱坞电影 007 情报员以这句经典台词表露品味，他身边随时围绕着性感美女，大概是天下男人的偶像了。珍珠奶茶就是用摇的，不能随便乱搅和。我爱看商家用雪克器摇茶，动作潇洒帅气，带着表演性质，总觉得像一种舞蹈。

既是粉圆、奶茶联袂演出，美味关键主要在两者的品质，奶茶须新鲜香醇，避免用奶精、糖精；粉圆的口感讲究弹劲，不可粘稠，更不可掺加人工合成塑化剂。

珍珠奶茶的前身是泡沫红茶，以医药大学斜对面的"双江茶行"为佳，其泡沫红茶、水果红茶都赞。店家每次都用小桶冲泡红茶，怪不得珍珠奶茶能有独特的茶香，现泡现卖。

金门老街上的"恋恋红楼"，是战地金门转化为观光金门后所发展出来的餐馆，店门口是一尊石雕风狮爷，好像尽责的卫兵；门楣上结着大红彩带，喜气洋洋的样子；里面布满了各种怀旧元素：旧电影海报、古早的家庭器物、旧农村用具。最有意思的是店内餐饮多以两岸政治领袖命名，又自称"国共餐厅"，带着调侃况味，如两种菜单的底图分别是蒋介石、毛泽东肖像，大搞混杂、戏耍。"毛泽东奶茶"、"人民公社奶茶"、"红卫兵桔茶"和"马萧奶茶"都是招牌饮品，毛泽东奶茶是奶茶加了高粱酒，逻辑特别，味道也很特别。

珍珠奶茶是台湾年轻人生活中不可缺少的冷饮，街巷随处可见店家，夜市也不乏摊贩。可惜它不适合我这种血糖偏高的肥仔，我只好假装不喜欢喝。从前有一个同事每天要喝两大杯这类饮料，奇怪竟能保持身材，只能嫉妒他天赋异禀了。

我在上海、澳门看到台湾的珍珠奶茶也大受欢迎，忽然升起荣耀感，一种奇怪的认同感。如今珍珠奶茶已风行亚洲、欧洲、美国甚至中东国家；伦敦苏活区（SOHO）的珍珠奶茶店 Bubbleology 生意兴隆，其原料、包装都来自台湾，老板 Assad 热爱台湾文化，自谓是台湾养子。

台中市"春水堂"说他们是珍珠奶茶的发源店，台南"翰林茶馆"负责人涂宗和说他才是珍珠奶茶的发明人。可惜这两家店当初都未申请专利，就像台中"太阳堂"的太阳饼，全世界卖太阳饼的都可自称太阳堂本店。

我不在乎谁发明了珍珠奶茶，只在乎谁认真泡茶，谁老老实实制作。由于地瓜粉或木薯粉都不能令粉圆产生弹牙的嚼感，大部分商家遂添加人工合成塑化剂。

市售奶茶多含香料、增稠剂等添加物，也渐渐以人造奶精取代鲜乳，奶精含反式脂肪酸，奶味浓郁；那是一种娱乐食物（eatertainment）。娱乐食物多含高热量、高脂肪、高盐，这种东西很狡猾，从不呈现食物的原味，念兹在兹仅仅是要添加什么，以全方位满足人们味觉的快感。像习惯欺瞒的人不会讲出真诚的话，当味觉被香料和增稠剂欺瞒惯了，就再也难以接受诚恳而美好的味道。

许多食品加工业者、餐馆为了追求最大利润，罔顾后果地降低成本，竟在饮料、食品中掺入塑化剂。新闻爆发后，我愤怒难抑，郁闷难纾。我的长女今年二十四岁，她已经吃了二十四年的塑化剂；我的幺女今年十二岁，她吃了十二年的塑化剂。甚至连感冒发烧时，医生也总是建议：给她喝运动饮料。我不敢想象这些毒物如何毒害她们的身体。黑心商人的事业越做越大，我们的健康越来越糟。

食品价格无所谓昂贵或便宜，端视它合不合理。诸如用化学药剂促长的香菇，三个月即可收成；以自然农耕法培育的香菇需费时十二个月才能收成，它们的价格岂能一样？两者间的风味、营养、安全当然也迥异。

网友有时会骂顶级餐馆卖得太贵，其实应该考虑的是合理与否。顶级餐馆的获利，往往远不如一般连锁餐馆。形式是最容易模仿的，低级餐馆往往以廉价食材模拟了高级餐馆的形式，再用相对较便宜的价格招徕不察的顾客。同样是供应套餐，都有沙拉、前菜、汤、主菜、甜点、饮料，各家餐馆呈现的每一种食材、每一个细节却都存在着极大的落差。吾人学习饮食之道，无非是学习知味辨味，理解食物及其操作。

珍珠奶茶之发明，表现一种粉圆与奶茶的搭配美感，这类例子不少，诸如泡菜与臭豆腐，油条与豆浆，大蒜与香肠，米酒之于四臣汤，五味酱之于章鱼……

优质的珍珠奶茶，上面总是一层绵密的奶泡，同时表现茶香和奶香，两者又能快乐地平衡。它取悦味蕾如同一场优美的舞蹈。粉圆徜徉在茶汤中，吸吮入嘴，轻柔抚触舌尖，滑动，像舌头之外另一个舌头。每一颗粉圆溜进嘴里都像一次甜蜜的吻。

双江茶行
地址：台中市北区学士路 150 号
电话：04-22359070
营业时间：11:00—22:00，
　　　　　每月第二、第四个周日休息

春水堂
地址：台中市西屯区朝马 3 街 12 号
电话：04-22549779
营业时间：一楼 8:30—23:00，
　　　　　二楼 9:30—23:00

翰林茶馆（赤崁店）
地址：台南市中西区民族路 2 段 313 号
电话：06-2212357
营业时间：09:00—03:00

恋恋红楼
地址：金门县金城镇模范街 22—24 号
电话：082-312606
营业时间：11:00—23:00

铁路便当

臺鐵便當的魅力、源自
日治時期、迄今仍魅力四射
但名稱换成「看看鐵路便當」

台湾的铁路便当源自日治时期。铁路尚未电气化的从前，在火车上买便当吃，特别有旅行感。飞机舱太幽闭了，飞机餐多不是食物，往往比较像饲料；往往感觉自己像货物，从这个城市被快速运送到另一个城市。

那是交通不发达的年代，火车站像现代阳关，是拥抱、流泪、挥手道别的场所。火车象征着长途旅行，慢车、平快车、光华号、观光号、莒光号、自强号，驶入台湾人的集体记忆。那时候，车厢里和月台上都卖便当，包装便当的材质从木片、铝、不锈钢、保丽龙，再回到木片盒。菜色大抵是卤排骨或鸡腿、卤蛋、卤豆干、卤海带加渍萝卜。在经济较为困顿的年代，火车上买排骨便当吃略显奢华。如今已是节俭的盘算，还形成了很多人的排骨饭乡愁。

为了重现当年的口味，台铁在千禧年推出传统风味的排骨菜饭便当，里面有排骨、卤蛋、酱瓜、酸菜，及用青江菜、油葱、香油、虾米、白菜煮成的菜饭，包装用不锈钢圆形饭盒，外加一副铝筷、手提袋，立号"台湾铁路怀旧便当"，每个售价三百元[1]，刚推出时供不应求。

台湾的铁道迷很多。不仅铁路局贩卖怀旧，民间亦然。2003年开始出现铁路便当连锁店，将怀旧主题速食化、标准化。职业棒球明星投手"金臂人"黄平洋退休后，也卖起便当，叫"黄平洋铁路便当"，已经有多家加盟店。

在后现代景观中，充斥着对当下的怀旧，明明是不久以前的事物，却严重地怀念起来。然则没有人需要一天到晚怀旧。

---

[1] 若无特别说明，本书所指均为新台币。

日本的"駅弁"加进了地方文化和历史背景，铁道每一站都卖不一样的便当，诸如函馆"鲱鱼肉便当"、森"花枝饭"、长万部"螃蟹饭"、小樽"母恋饭"、松阪"松阪牛菲力便当"、宇治山田"鲍鱼便当"、京都"鳗鱼的床"、丰冈"螃蟹寿司"……我在日本搭乘火车，每停靠一站就下车买便当，害得自己总是吃太饱。

台湾的铁路便当有极大的发展空间和想象空间。如果台湾各地的火车站月台都恢复卖便当，并且也都能表现出地方特色，会是多么迷人的铁道风景。

诸如火车停靠基隆，月台上的便当是白汤猪脚、天妇罗，或是炭烤三明治，还附赠一块"李鹄凤梨酥"。车到台北，便当内容可以是"富霸王"卤肉饭、傻瓜干面、"呷二嘴"的筒仔米糕、大肠包小肠、牛肉面、淡水阿给；若是传统便当，主菜不妨换成"卖面炎仔"的白斩鸡，或"阿华"的鲨鱼烟。车到桃园，月台上有"百年油饭"、菜包，便当菜色已换成鹅肉，或滇缅料理如米干、大薄片。车到新竹，月台上买得到城隍庙口的润饼，也有炒米粉加贡丸，附赠竹堑饼或水蒸蛋糕。车到苗栗，月台上全是客家口味，福菜、梅干菜、封肉、客家小炒。车到台中，便当难道不能附赠太阳饼、绿豆椪或凤梨酥？车到彰化，供应的是焢肉饭、肉圆、肉包、羊肉，虾猴、蚵仔、乌鱼子、土鸡蛋也都可以参与演出。车到嘉义，火鸡肉饭出场。车到台南，"再发号"的烧肉粽在月台上播香，也吃得到虾仁饭、虾卷饭。车到高雄，供应有烤黑轮、黑旗鱼丸、各式海鲜，以及木瓜牛奶。车到屏东，便当里的主菜是万峦猪脚。火车驶经南回铁路，看到中央山脉见到太平洋，来到台东站，便当里的池上米饭，搭配精心烹制的白旗鱼。停靠花莲，便当的主菜可以是曼波鱼、马告鸡。车到宜兰，便当里的白饭是用合鸭米煮成，亦无妨换成了葱油饼；主菜可以是天籁鸭，搭配鸭赏、糕渣……

俟营运成熟，再定期举办各站的便当比赛。这几年台湾的政府部门以及学界多侈言文化创意，最缺乏的也是创意。缺乏创意不要紧，能察纳雅言还有救。

我觉得台铁应该改变经营策略，非但不要跟高铁、捷运比快，反而要跟它们比慢，经营一种火车慢驶的艺术。

不过，慢要有慢的条件和质感。我想象着，每天会有一列慢车出发，不以交通运输为目的，车厢改造成优雅的餐厅，供应美食、美酒和佳茗，形同一列移动中的好餐厅，穿行在美丽的山水之间。我们和我们亲爱的家人或朋友，出门短期旅行的路程，是徜徉在移动餐厅中享受美酒佳肴，聊天，看移动中的风景，品茗。

白
斩
鸡

白斩鸡又称"白切鸡",是鸡只整治干净后,或煮或蒸或浸至熟,过程中不添加香料,意在彰显鸡肉的自然鲜味。白斩鸡应是源自清代民间酒坊的"白片鸡",《调鼎集》中有记载,其名称源于不加调味白煮而成,工序省便。由于不同于烧、熏、烤、卤、糟、酱、焗等各种烹法之强调入味,重在挽留鸡肉的原汁原味,故更须慎选材料。

在闽西,这是年节喜庆常见的主菜,最出名的是"汀州白斩河田鸡",汀州河田鸡是中国名鸡,唐代以降被选为斗鸡;除了善斗,河田鸡主要还是以美味享誉四方。这道白斩鸡向来被列为闽西客家菜之首,成品金黄油亮,香、嫩、滑、脆而易去骨,尤其鸡头、鸡爪、鸡翅更是下酒佳肴,民间有"一个鸡头七杯酒,一对鸡爪喝一壶"之说。

闽西客家人认为鸡象征吉祥,宁化一带就有这样的习俗:婚礼由鸡带路,一只公鸡和一只母鸡走在迎亲队伍的前面,母鸡选快下蛋之准鸡妈,最好一到男家就下蛋,取早生贵子的寓意。此外,迎亲都在夜晚,鸡行夜路如同白昼,由鸡带路,可以避邪。

河田鸡产于长汀县河田镇,是在青山秀水、无污染的自然环境中,以稻谷、米糠和瓜菜薯类为饲料养成。鸡体丰满,肉质柔嫩,皮薄骨细,口感香鲜嫩滑,允为禽中珍品。此鸡最明显的外貌特征是公鸡有"三黄三黑三叉冠"。"三黄"指鸡的嘴、羽毛、脚都是黄色的;"三黑"乃鸡的颈部有一圈黑毛,两翅尖各有三至五片半黑扁毛,尾端有七至九片黑绿色毛弯翘在后;"三叉冠"则是鸡冠顶端呈三叉形,单冠直立后有明显的双叉。母鸡则体圆脚较短,全身毛色淡黄,颈毛带有黑色斑点,翅尖和尾端的毛稍大而短,鸡冠鲜红。

白斩鸡最要紧的关键还是食材,不只河田鸡,海南文昌鸡亦闻名天下。台湾也非无名鸡,如珍珠鸡、乌骨鸡等等。总括文昌鸡的外形为"三小两短"：头小、颈小、脚小、颈短、脚短。宰杀前三十天的育肥期，用花生饼、椰子饼、椰丝、大米饭混合喂养，此鸡皮脆薄，骨软细，肉质嫩滑。我曾在海口"琼菜王美食村"大啖文昌鸡，允为平生快事。

袁枚《随园食单》中说："肥鸡白片，自是太羹、玄酒之味，尤宜于下乡村、入旅店，烹饪不及之时，最为省便。煮时水不可多。"太羹即大羹，指不加五味的肉汁；玄酒是洁净的水。鸡胸肉纤维较长，容易显老，袁枚说煮的时候水不能放多，无非希望挽留肉汁。更要紧的是火候，务必掌握鸡片之嫩度，不能久煮，久煮必柴。白片鸡若蘸台湾"螺王"酱油膏甚佳；或佐以蒜蓉、辣椒碎酱油。起锅后鸡身抹米酒，用盐巴拍打亦可。

白斩鸡工序虽则简省，有些小地方仍需注意：冷却后才能动刀切块，否则鸡肉碎裂矣。此外，鸡肉不可先冰冻，冰冻过的鸡肉在烹制时会出水，严重影响品质。切块烹饪前最好先去骨，因为一般鸡贩在宰鸡放血时多放不干净，残留在鸡骨里的血会使鸡肉充满腥味。

厨事之体现，总是一丝不苟的创作态度，优秀的白斩鸡不仅讲究品种，烹煮的程序也有几分坚持，诸如宰杀时放血，鸡毛必须拔除干净，煮、焖的时间拿捏等等。我煮白斩鸡例用大锅，水要求能淹过鸡只三分之一以上，火候之控制要有耐心，成品才会皮肤光滑、肉质细嫩。水极滚时才下鸡，约二三十滚即熄火；盖过此候便老，只好煮到烂，任鸡味全入汤中。要领是待锅内水降温，再开火加热，如此这般半煮半浸几次，桑拿浴般，方能维持青春肉体。

张大千曾品评谭家菜的白切油鸡，赞为中国美食中的极品；唐鲁孙吃过后也认为简直是神品。谭篆青家的白切鸡从养鸡开始讲

究：选用腿上有毛的小油鸡来养育，慎调饲料如酒糟、草虫；鸡龄则需十六个月至十八个月之间才算适龄，此时鸡的胸颈间有一块人字骨，摸起来柔软具弹性，肉质鲜美活嫩。

白斩鸡在台菜中坐标显著，尤以客家人善治。我大二时到女朋友家做客，家族中的长孙女初次带男友回家，在保守的客家村是大事，叔伯姨姑全员到齐，席开三桌。面对那么美味的白斩鸡，我不发一语，低头用力吃，竟没注意所有的人早已吃饱，礼貌性地坐在桌前陪着，他们看我桌上堆积可观的骨头，且一时片刻毫无停止的迹象。

"你慢慢吃，我们先去客厅坐。"主人终于忍无可忍，留我一人继续在餐桌前奋斗。

后来太太忍了很多年，知道不致伤害我的自尊心才说，那天我独自留在餐桌前吃白斩鸡，她妹妹惊呼："你男朋友怎么那么会吃？还好我们家是种田的！"

台湾较优质的客家餐馆都能烹出好白斩鸡，诸如龙潭"三洽水乡村餐厅"的"乡下土鸡"，鸡肉结实甘美。苗栗三湾"巴巴坑道"、南庄"饭盆头"的白斩鸡鲜甜，弹牙，可以想见是一天到晚健康乱跑的土鸡。埔里"亚卓乡土客家菜"也令人吮指赞美。

我在台北特别服膺"永宝餐厅"和"野山土鸡园"，这两家餐馆的作品总令人猜测：这些乡村土鸡好像每天上健身房。可惜永宝已歇业。幸亏乌来"翠山饮食店"也值得称许。石碇老街"福宝饮食店"、"美美饮食店"毗邻，两家的豆腐和白斩鸡都美。雪山隧道开通后，台北人驱车去宜兰"黑鸡发担担面"吃白斩鸡方便许多。

华人无论清明祭祖，或除夕夜的餐桌上，罕无此物。可以说，有华人处就有白斩鸡。如香港大埔伍仔记的"蜑家鸡"，就是用虾干、干贝等多种海味制成的白卤浸渍白斩鸡。

那是一个值得怀念的夏天，白先勇和我结束了新加坡的国际作家节活动，应邀飞往吉隆坡演讲，短暂的几天吃了不少白斩鸡，如马六甲河畔"中华茶室"和新加坡"津津餐室"的"五星海南鸡饭"。

成功的白斩鸡总是细皮嫩肉，带着清新脱俗之美，宛如青春的礼赞。鸡不能养得太老，老则肉柴，只适吊汤，不宜做白斩鸡。所有鸡肴中最能保持鸡的鲜美原味者，莫非白斩鸡。

最顶级的食物，莫非食材本身，美好的食材会唤起吾人的记忆和情感。白斩鸡表现为原味美学，连接了土地、记忆和情感，表现出一种不折不扣的食物原味。在名鸡面前，任何烹饪技巧都必须谦逊。

黑鸡发担担面
地址：宜兰县冬山乡广兴路 321 号
电话：03-9510066
营业时间：10:00-21:00

福宝饮食店
地址：新北市石碇区石碇东街 75 号
电话：02-26631529
营业时间：11:00-19:00，周一休息

美美饮食店
地址：新北市石碇区石碇东街 71 号
电话：02-26631986，0935-178313
营业时间：11:00 起，详洽店家

野山土鸡园
地址：台北市文山区老泉街 26 巷 9 号
电话：02-29379437，22173998，0928-246281
营业时间：周一至周五 16:00-22:00，
　　　　　法定假日 11:00-23:00

明福餐厅
地址：台北市中山区中山北路 2 段 137 巷 18 号之1
电话：02-25629287
营业时间：12:00-14:30，17:30-21:00

茂园餐厅
地址：台北市中山区长安东路 2 段 185 号
电话：02-27528587，27114179
营业时间：11:00-14:00，17:00-22:00

麻油鸡

麻油鸡，准确的说法是麻油烧酒鸡，美味的关键在三种主要材料：麻油、米酒、鸡肉，缺一不可；麻油尤其是灵魂。烹煮麻油鸡都先用麻油爆香老姜，爆到干皱才拌炒鸡肉。

麻油即胡麻油，乃台湾农村的特殊产品。麻油与老姜是奇异的组合，两者互相发明，能立刻爆发雀跃的气味，汹涌袭鼻。

麻油鸡风行于台北，麻油却以台南为尊。好麻油有一种难以抗拒的气味，诱引我们的感官。我品尝过的最佳麻油是阿姨所馈赠，她自己买黑胡麻，亲自监工，委请台南大内乡的榨油师傅焙炒，炊煮，压榨，这种传统榨油法所得的麻油最香。榨油技艺端赖师傅经验，胡麻焙炒过熟，所榨出的油偏黑，略带苦味；反之，火候不足则香味寡矣。

胡麻即芝麻，晋代葛洪《抱朴子·仙药》载："饵服之不老，耐风湿补衰老"，麻油自古即带着食疗精神，台湾人咸信它有温补作用，乃冬令进补圣品。

米酒以台湾烟酒公司的红标米酒最佳，我用过许多农村私酿的米酒，大抵酒精浓度高，味道皆不如烟酒公司的"米酒头仔"纯良。红标米酒大幅涨价那几年，卖麻油鸡的、卖姜母鸭的、卖羊肉炉的不免都减少米酒用量，或以其他米酒取代，简直造成了台湾社会的灾难。

红标米酒瓶身以粉红、深红双色套印，有稻穗图案，俨然形成一种美食的图腾。此酒风味甘纯，是独特的料理酒，台湾家庭厨房的标准配备，它支撑起台菜的基本味道，形成台菜中的米酒文化，举凡煎煮炒炸，非它莫办。台北市武昌街"雪王冰淇淋"甚至推出麻油鸡冰淇淋，此物之魅力，可见一斑。有人用生啤酒煮麻油鸡，那是不理解麻油鸡的本质，盖啤酒最多仅能散发出麦香，烹煮后已了无酒香。

焦妻常告诫我：吃果子要拜树头。她生第二胎时，为了感谢她生了两个亲爱的女儿，我亲自帮她坐月子，每天煮麻油鸡：老姜不刨皮，用菜瓜布刷干净，切片爆香；再略炒氽烫过的鸡腿肉，不加盐，并以米酒代替水炖煮，直到酒精挥发。直到今天，我暇时仍会煮麻油鸡饭孝敬家人，工序跟麻油鸡一样，只是将米泡在麻油鸡汤里煮熟。

有了麻油鸡，坐月子的女人更美丽。几乎所有的台湾人出生时都跟着妈妈坐月子，通过母奶，吮饮人生最初的酒香。那酒香，是妈妈的味道，也是台湾故乡的味道。

坐月子时吃的麻油鸡，若加入当归、红枣、枸杞、黄芪等补血益气的中药材更佳。台北市吉林路"菊林麻油鸡"就添加十几种中药材，熬煮出的鸡高汤相当迷人。可惜店家大力推荐的"麻油鸡丝饭"鸡肉太柴又乏香，不如一般的嘉义火鸡肉饭。

麻油鸡的鸡肉必须能挽留细致的质地，以及滑嫩而弹牙的口感，汤味须浓郁而清甜。"景美曾家麻油鸡"选用肉质较结实的仿仔鸡，麻油香完全渗入肌理，并有效煮掉酒精，保留米酒的甘甜；它家的油饭亦好吃，香软，不显得油腻。有人煮麻油鸡习惯加入糖、胡椒粉调味，我对这种烹饪望而却步，期期以为不可，麻油鸡完整而自足，实不宜胡乱用其他调味料干扰。

姜母鸭亦是台湾人补冬的风味小吃，两者却颇有不同：姜母鸭的吃法像火锅，整锅上桌，下置炉火续煮，食用过程会一直添汤续料；而坊间的麻油鸡都论碗卖，断无边吃边煮的现象。

台北稍具规模的夜市如果缺少麻油鸡摊位，恐怕是很值得自卑的事，诸如士林夜市"万林"、晴光夜市"金佳美食麻油鸡"、松山夜市"施家麻油鸡"、宁夏夜市"环记麻油鸡"、辽宁街夜市"（金佳）阿图麻油鸡面线"、南机场夜市"阿男麻油鸡"、华西街夜市"好吃麻油鸡"、景美夜市"曾家麻油鸡"、板桥南雅夜市"王"记麻油鸡……

　　我最常吃的麻油鸡是木栅路3段的"顺园美食"，狭仄的店面接近路边摊格局，我居住木栅时吃了十几年，却还不知道老板尊姓，他煮的麻油鸡实在香，瓜仔肉饭也惹人馋涎。

　　麻油鸡有一种亲情特质，一入口即觉得温暖。外面的世界再怎么寒冷，一碗即解亲情之美，一碗就抚慰身心。

顺园美食
地址：台北市文山区木栅路 3 段 1 号
电话：02-22349063
营业时间：11:30—23:00

景美曾家麻油鸡
地址：台北市文山区景美街 15 号前
电话：0958-400880
营业时间：16:00—01:00

（金佳）阿图麻油鸡面线
地址：台北市中山区林森北路 552-2 号
电话：02-25977811
营业时间：周一至周六 11:00—4:00，
　　　　　周日 11:00—21:00

菊林麻油鸡
地址：台北市中山区吉林路 385 号
电话：02-25979566
营业时间：周一至周六 11:30—23:00

三杯鸡

"三杯"的意思是烹制需酱油、麻油、米酒各一杯调味。为追求口味，实际操作可改变比例，台湾名厨阿基师的做法是八匙米酒、四匙酱油、二匙糖，以及少许麻油。三杯鸡基本上不放盐，盐会让蛋白质略微变硬。

　　此菜味浓下饭，做法很简单，只要调味料的比例准确。先加热空烧砂锅；另起锅用香油煸姜片，接着爆香葱、大蒜、辣椒，再翻炒氽烫过的鸡块，待鸡肉变色即可添加酱油、糖拌炒，倒入些许米酒和高汤，加上锅盖焖熟，令皮下脂肪分解，和麻油一起带出香味。其间得掀开锅盖加以翻炒，令鸡肉充分而均匀地吸收调味料，最后将焖煮好的鸡肉倒入已加热的砂锅中，加入麻油、九层塔稍微翻炒即成。

　　糖色和酱色决定成品的色泽，因此可用麦芽糖取代砂糖。做法虽不难，仍有一些细节需要讲究：如蒜头勿切片，以免糊掉；麻油不要一开始就下锅烧热；此外，不宜加水。

　　优秀的三杯鸡香气扑鼻，口感爽滑，醇厚，鸡块的色泽金黄，肉质鲜嫩、饱含弹劲，锅底干爽。劣厨往往将鸡肉烹得干涩，或外表烧成炭黑。主材料自然以土鸡为上选，我在家烹制则选用鸡腿。

　　九层塔是这道菜临门一脚的调味料，也是三杯鸡的台湾风味。这种香草属薄荷家族，原产于印度，我的外食经验是在台菜和越南餐馆最常吃到。九层塔又叫"罗勒"（Basil），香气仿佛介于柠檬叶、薄荷叶、丁香之间，又完全不同。台湾人很有趣，在三杯鸡的锅子里都叫它九层塔，当它出现在意大利面里，辄被唤成罗勒。

　　然则吾友亮轩对九层塔有严重的指控：一般人做三杯鸡都用九层塔，九层塔是说谎的菜，可以遮盖不新鲜的肉类腥味。三杯鸡如果用九层塔，在味觉上就是喧宾夺主。他强调自己烧三杯鸡是用蒜瓣取代九层塔。其实两者并不抵触，皆可同治于一锅。九层塔之味虽猛，却是三杯鸡不可或缺的提香物；何况此肴本来就是重口味，所用的麻油、姜、大蒜、辣椒无一不烈，何独怪罪于斯？

我反而觉得三杯鸡的浓烈，需要九层塔的清香来修饰。三杯之运用广矣，而且荤素皆宜，诸如"三杯血糕"、"三杯鱼"、"三杯中卷"、"三杯兔"、"三杯杏鲍菇"、"三杯豆腐"及"三杯素肠"等等。

三杯鸡是一道经典的赣菜，源自江西宁都或万载，制作数百年来，已风行于社会各阶层，抚慰了无数贩夫走卒、商旅行脚、达官显贵的胃肠。

这道鸡肴附会着多种传说。一说文天祥被打入死牢后，一位江西老太太为表达对丞相的崇敬，潜入狱中探监，和同乡的狱卒以瓦钵用牢中酒烧制了一只鸡；两人顾虑寒气逼人，另取一扁盘，盘中点燃了酒，瓦钵上面再加杯盖保温，双手捧鸡钵跪倒，献到文天祥面前。文天祥面对鸡钵，感慨系之，形"三杯"，意"三悲"：一悲豺狼当道，二悲有心不能救国，三悲南宋江山危在旦夕。后来狱卒和老太太返乡修了一间文公庙，每逢文天祥祭日，都用三杯鸡祭奠。

二说赣南有魏姓父女，以烧瓮钵营生。后来父亲病故，按当地风俗，大年夜需用鸡、鱼、猪三牲祭奠长辈。孝女家贫，只能宰杀整治仅有的母鸡，再将同祭奠的鸡和一杯酱油、一杯食油、一杯米酒入瓮煨制年肴，遂而流传演变成三杯鸡。

三说万载县农村，有贫家姐弟二人相依为命，适逢大旱，弟弟出外谋生前夕，姐姐杀了家中唯一的嫩母鸡，剁块，连同洗净的内脏放进砂钵，再把仅剩一杯量的食油、酱油及酒倒进锅内一同焖烧，准备为弟弟钱行。约过了一个时辰，香气四溢，惊动了邻居一位官府的厨师。后经这位厨师改进烹制法，大受欢迎，三杯鸡之名大噪。

有时候一些传闻掌故可在茶余饭后闲聊，过度演义则不妥。归纳起来，赣式烹法用甜酒酿、猪油、酱油煨制；台式三杯鸡做法则如前述，已异于江西传统，主要是舍酒酿而取米酒，并易猪油为麻油，再加入最关键的九层塔和蒜头、姜、辣椒。

我曾经在电视上看过厨艺教学，居然教人家加了酱油还加蚝油、酱油膏，居然还有呆厨教观众下纤粉、用微波炉烹制。上帝保佑电视观众。

野山土鸡园
地址：台北市文山区老泉街 26 巷 9 号
电话：02-29379437
营业时间：周一至周五 16：00-22：00，
　　　　　法定假日 11：30-23：00

鸡家庄（长春店）
地址：台北市中山区长春路 55 号
电话：02-25815954
营业时间：11：00-22：00

蒙古烤肉

五〇年代的臺灣流行的這
水瓶樣式古典雅緻，讓人
文的民俗氣息差許多了

蒙古没有"蒙古烤肉",台湾才有。正如福州并无"福州面",台湾才有;四川也没有"川味红烧牛肉面",台湾才有。那是台湾餐饮业者的发明,是他们的创意和想象力。

这种烤肉其实不算烤,而是炒。师傅用特制长筷,在大铁盘上爆炒各种肉品、蔬菜和十几种佐料,白烟和香气轰窜,眼看他的长筷快意横扫,铁盘上成熟的烤肉排队般,准确无误地落入盘中,姿态、技巧都有着武侠角色的身手。

台湾的"蒙古烤肉"是相声演员吴兆南所创,一甲子以前,吴兆南与几个退休老兵在萤桥旁、同安街底创立"烤肉香",这是台湾蒙古烤肉的发源地。他手绘大烤盘,请工匠打造一个直径约双手张开长度的圆铁盘,这项创举滥觞了蒙古烤肉的烹具。此外,也多元化了肉品、配料和酱料,牛、羊、鸡、猪、鹿肉阅兵般陈列在菜台上,供食客自取;再自选蔬菜,淋上酱油、麻油、大蒜、辣椒、柠檬汁、凤梨等十余种配料,从此开启了"蒙古烤肉"元年。

那是1951年。吴兆南接受访谈时追忆,蒙古烤肉的确是他的创作:起初在淡水河边萤桥旁开茶棚,卖烤肉营生,本想立号"北京烤肉",唯恐听起来像"匪谍";叫"北平"也不妥,干脆起名"蒙古",离北京愈远愈安全。

当时台湾犹处于风声鹤唳的氛围,不能公然想家。这一年,枪毙了好几个"匪谍",省府第一次宣布征兵令,美国国防部派遣军事顾问团开始在台北办公;这一年,水产试验所大力推广吴郭鱼养殖,台湾发生强烈地震……

刚开始,每种肉都卖三块钱,论盘计价,结果没人上门,干脆改成一美元(约当时新台币34元)吃到饱,一举打开台北烤肉市场，也成为最早的一价吃到饱餐厅。

鼎盛时，达官显要、外国使节多上门访食，河堤旁停满各式礼车，食客走过草地间的石阶，月色下波光旁大啖烤肉。他们还养了一只狗叫"哈利"，负责叼着灯笼，领客人入席。后来第一饭店的徐三老板，请他移至饭店顶楼开业，那是当时全台最高的大楼，高十层，由明星李丽华剪彩，一开张就红火，深夜更有人盛装打扮，搭电梯上楼看夜景，还成为观光手册上的台北景点。

蒙古烤肉发端迄今，都是一价吃到饱的形式，极盛时期，台北就有三十几家蒙古烤肉店，现在仅剩个位数，知名老店如"唐宫蒙古烤肉餐厅"、"涮八方蒙古烤肉"、"成吉思汗蒙古烤肉"，仍是我爱去的地方。

在台湾，蒙古烤肉和相声几乎是同步发展。萤桥除了卖蒙古烤肉，也是相声的起点，当今元大集团总裁马志玲的父亲马继良开设萤桥乐园，起初演话剧，票房冷清，遂找吴兆南来说相声。一个月后，吴兆南脑子中的三十个段目全说完了，挂榜招贤，就有了陈逸安、魏龙豪加入。后来上广播电台，乃开启"上台一鞠躬"的相声年代。

吴兆南的相声艺术已形成五六十年代台湾人的集体记忆，给肃杀的社会平添了幽默感，用他的乡音书写了台湾相声史。

台湾餐饮业者的想象力还包括经营方式：蒙古烤肉总是结合了酸菜白肉火锅，大概他们觉得蒙古和东北都很遥远，一个位于北方，一个在东北，差不多啦，遂搅和在一起了。

"唐宫"三十多年来几乎天天客满，炳惠决定去圣地亚哥加州大学任教时，我们一起去唐宫吃蒙古烤肉、酸白菜火锅，搭配每天现揉烘烤的独门烧饼，痛饮金门高粱酒。我喜欢餐厅里人声比火锅更鼎沸，掩饰了一些离愁。长女珊珊留学伦敦前，我们也曾在"涮八方"吃蒙古烤肉、酸菜白肉火锅。为什么人生有那么多离别？

蒙古烤肉是一种热腾腾的隐喻，是台湾外省族群的味觉家园（home），是一个北京人在异乡的烤肉想象，创造出子虚乌有的家园烤肉，里面是离散（diaspora）故事。他所创造的蒙古烤肉，并非真实的北京烤肉，而是拼凑记忆之后，炮制出的一种象征、重建意义的烤肉，一种诗性想象，呈现时间错叠的家园滋味。

吴兆南是北京人，1949 年来台，1952 年起以相声为专职，1973 年移民美国。个人漂泊总纠结着民族苦难，我感受到反遗忘的意志和文化脐带断血后的焦虑，通过食物的烹制，补强塌陷的文化地基，重建文化家园。烤肉如此，相声亦然。在母语失声的时空中，用味蕾和乡音抚慰个人的孤独与苍凉。

唐宫蒙古烤肉餐厅
地址：台北市中山区松江路 283 号 2 楼
电话：02-25051029
营业时间：11:30-14:00，17:30-21:30

涮八方蒙古烤肉
地址：台北市大安区安和路 2 段 209 巷 6 号
电话：02-27333077
营业时间：12:00-14:00，17:30-23:00

成吉思汗蒙古烤肉
地址：台北市中山区南京东路 1 段 120 号
电话：02-25373655，0922-333680，
　　　0922-497376
营业时间：11:30-15:30，17:30-22:00

福州面

福州麵
不在福
州四川
牛肉麵
也不
這是
臺灣
創意
銘信
文化的一支奇兵

福州面使用白细面，现在称"阳春面"。阳春面传自江南，取阳春白雪之意，即所谓的光面。福州面分汤面、干拌面两种，汤面中有水煮荷包蛋、福州鱼丸、贡丸各一；干拌面的标准配汤亦是水煮荷包蛋、福州鱼丸、贡丸各一。

这是台湾的风味小吃，福州并无此味。我数次在福州街头寻觅，全无相似的面食。那是一种与当地融合的移民食物，一种乡愁的想象食物，其发展应是1950年代，跟随国民政府来台的老兵退伍后，在台北小南门附近摆起面摊营生，因是福州人，面汤中又有福州鱼丸，遂立号福州面。

相对于闽南移民，当年从唐山过台湾的福州人较少；然则福州的三把刀：裁缝的剪刀、理发的剃刀、厨师的菜刀，影响了台湾社会生活。历史的偶然，使干拌面融合了鱼丸汤，融于人民的日常生活之中。

逯耀东教授还是穷学生时，有一天身上只剩下五毛钱，搭公车到小南门，找正在医院实习的女朋友救济："今天是我生日，你得请我吃碗面。"他们就在医院门口的面摊吃面：

　　那个小面摊开在小南门旁的榕树下，依偎着榕树搭建的违章建筑，是对福州夫妇开的，卖的是干拌面和福州鱼丸汤。虽然这小面摊不起眼，日后流行的福州傻瓜干拌面便源于此。但福州傻瓜面和这小摊子的干拌面相较，是不可以道里计的。福州干拌面的好与否，就在面出锅时的一甩，将面汤甩尽，然后以猪油葱花虾油拌之，临上桌时滴乌醋数滴，然后和拌之，面条互不粘连，条条入味，软硬恰到好处，入口爽滑香腻，且有虾油鲜味，乌醋更能提味。现在的傻瓜面是现代化经营，虽然面也是临吃下锅，锅内的汤混浊如浆，锅旁的面碗堆得像金字塔，面出锅哪里还有工夫一甩，我在灶上看过，也在堂里吃过，真的是恨不见替人了。

逯耀东饿坏了，那天连吃了三碗面才抬起头看着女友，说"大概可以了"。一面之恩，她后来成了逯师母，两人相依相伴数十载。以上引文旁证了福州面的滥觞和美学精神，也是最早的福州面文献。此面的外在形象虽简单，却马虎不得，面出锅一甩，意在甩尽汤水，令面条保留弹性和清爽，也不致稀释酱汁。此外，面汤或鱼丸汤也有讲究。

不唯福州面，任何面汤都应老老实实用大骨熬制，我欣赏台北市南机场社区"福州伯古早味福州面"完全不使用味精。点食干拌面，店家会附一碗汤，我习惯连扒几大口面条，再一口热呼呼的汤，一口水嫩荷包蛋。蛋黄最美的时候是流质状态时，邂逅了热气腾腾的面，恰似青春年华时邂逅了恋人。

福州干拌面在台湾又称傻瓜干面。据说是这种面过于简单又缺少装饰，有人遂戏称爱吃这种面的人就像傻瓜，故名傻瓜干面。另有一说：早期顾客叫老板"煠些干面"来吃，"煠"音扎，是将食物入滚汤或沸油里煮熟，如北魏贾思勰《齐民要术·素食》："当时随食者取，即汤煠去腥气"；苏轼《十二时中偈》："百衲油铛里，恣把心肝煠"。由于闽南语"煠些"和普通话"傻瓜"谐音，久而久之，这种干面就叫傻瓜干面了。

傻瓜干拌面需自行酌增调味料，店家会提供乌醋、辣渣、辣油、辣酱在桌上任凭取用。辣酱或辣油以自制为佳，我嗜辣，数十年来不曾经验差堪入口的工厂辣酱，那些大量生产的罐头辣酱除了红颜色和死咸，了无辣度和香味。吾人面对陌生的面店，只要看一眼它的辣酱即知其斤两。

此面是狂饿时的食物，不够饥饿大约不会选择干拌面吃，从前发育中的建中学生就常翻墙出去吃"林家干面"。面条煮熟后，仅加上葱花及猪油、虾油，面上可能会搁些叶菜，不另加其他浇头或调味料，上桌后食客再依喜好随意添加乌醋、辣油、辣渣。

福州面表现为朴素美学，所谓"朴素而天下莫能与之争美"，朴素美是一种单纯的美感，摒除一切多余的东西，它让累赘和啰嗦显得庸俗。福州面的朴素是一种自然美，带着谦逊、低调的性格，潜沉中似乎有几分孤独感，又仿佛透露出淡薄人事而亲近自然的感悟。

小南门福州傻瓜干面
地址：台北市大安区杭州南路 2 段 7 号
电话：02-23944800
营业时间：06:00-23:00

福州伯古早味福州面
地址：台北市万华区中华路 2 段 370 巷口
电话：02-23018651
营业时间：06:30-14:30

福州干拌面
地址：台北市大安区罗斯福路 2 段 35 巷 11 号
电话：02-23419425
营业时间：11:00-14:30，17:00-21:00

清粥小菜

茶禪一味
喵喵一味
喵乱

从前穷人家盘餐不继常以粥代饭，粥是贫寒的象征。70 年代以前，生活艰难的台湾家庭即用番薯签煮稀饭，代替干饭作为主食。乾隆年间敦诚访视贫居北京西郊的曹雪芹，回去作了一首诗，其中两句："满径蓬蒿老不华，举家食粥酒常赊"，即借粥描述曹雪芹当时的寒伧窘迫。

然则《红楼梦》里的粥未必是贫穷的符号，如宝玉喝的碧粳粥、内眷们深夜吃的鸭子肉粥、林黛玉和王熙凤喝的燕窝粥、贾母吃的红稻米粥……

台北市复兴南路、瑞安街口附近，曾聚集了许多清粥小菜专卖店，蔚为稀饭街。在稀饭街，每间店都远比路边摊卫生、美味，每间店都相似，从经营形态到菜肴，差异甚微。

清粥小菜在台北高度发展，大约是 80 年代末、90 年代初期，大家陶醉于"台湾钱淹脚目"。台币升值，游资充裕，我们好像忽然间狂飙了起来，飙政治、飙车、飙股票、飙大家乐。口袋饱满时不免昼短苦夜长，夜间娱乐兴旺后，宵夜的需求乃应运发达，很多人饮酒作乐后便来到稀饭街"续摊"，信义路、和平东路之间的复兴南路遂车水马龙，灯火灿烂。可惜好景不常，这一带的灯光转眼间黯淡了，整个台北的灯光都黯淡了；北京、上海的灯光璀璨了。

我很爱来稀饭街晚餐，那地瓜粥稠度刚好，里面黄澄澄的地瓜煮得松软甘美。像"一流"也是我欢喜的店家，他们送上菜时，皆放在小锅内烧酒精加热、保温，有体贴感。

清粥小菜多呈现一种清淡感，店家总是标榜少油少盐少味精，有些还标示热量分级。上次"世界华文媒体集团"总编辑萧依钊来台，我们接了机即带她到"小李子"晚餐，依钊清心寡欲，几乎不

日治時代臺灣
小學生穿
的木屐花色
變化頗多
祇是它逐漸
消失在我的
記憶裏
壬辰春
帶鈺 📷

曾听她谈吃食，却赞美台北的清粥小菜。

清粥小菜以台菜为主，也渐渐参加了一些外帮菜，水产是少不了的，像荫豉蚵仔、清蒸鱼、煎鱼、炸鱼、鲫仔鱼花生、米酱蛤肉，常见的菜色还包括各种蛋类如菜脯蛋、九层塔蛋、咸鸭蛋、皮蛋，热炒时蔬如高丽菜、苦瓜、茄子，和各式卤味、酱菜、冷盘，以及川味的麻辣臭豆腐、鸭血、牛腩和宫保鸡丁等等。

星级饭店的台菜餐厅，亦可点食一锅地瓜稀饭，搭配各式菜肴。由于这种高档饭店的后勤规模庞大，品质较稀饭街精致，食材较优质，收费自然也不同。

"中央大学"的赖泽涵教授很喜欢在兄弟饭店的"兰花厅"宴客，他担任文学院院长时，最英明之处是，多次让《人文学报》在这里开编辑会议。开会理应如此，饱尝佳肴思想才能活络，品饮美酒眼睛才会发亮。直到现在，我还常思念兰花厅的地瓜粥，以及蒸鱼、炸白鲳、煎虱目鱼肚、九孔带子、瓜仔肉。

跟感情一样，也许天地间美好的事物都是要失去了才会更珍惜。从前我常去喜来登饭店的台菜餐厅"福园"，理所当然般，并不特别赞赏；后来它不见了，失落之余，竟觉得它一年比一年厉害，那菜脯蛋上面敷着的一层薄薄的豆腐乳在记忆中日益美味。

熬粥时必须一次就将水分加足，边煮边加水会影响粥的美味，清代诗人李渔以酿酒为喻，告诫熬粥的过程不可胡乱添加水进去："粥之既熟，水米成交，犹米之酿而为酒矣，虑其太厚而入之以水，非入水于粥，犹入水于酒也，水入而酒成糟粕，其味尚可咀乎？"粥煮熟时，锅边会凝结一层糊状粥衣，米香甚浓，应把握热呼呼的时机吃。

最不堪忍受的是用太白粉勾芡，再撒一把糖进锅里。不知从哪个懒惰的劣厨开始的？粥从来都得老老实实用米熬煮，才会清甜甘爽，勾什么芡？加什么糖？日本无赖派作家坂口安吾（1906—1955）爱吃，而且精通烹饪，他有一篇文章《安吾精制杂煮粥》谈煮粥须先熬高汤，熬煮高汤需时三天：用鸡骨、鸡肉、马铃薯、胡萝卜、高丽菜和豆类煮三天，一直煮到蔬菜都化掉烂掉；加入米饭和盐、胡椒调味，煮半个小时直到米粒粘稠，再加鸡蛋。

现在还有清粥小菜店从晚餐卖到凌晨，似乎仅为过夜生活的人服务。真是奇怪，深夜不回家睡觉，吃什么宵夜？不过，既然已经天亮了，建议店家暂勿打烊，续营早餐。吾人清晨出门觅食，常渴望吃点有意思的东西，清粥小菜很适合开启一天的序幕。

兄弟饭店 · 兰花厅（台菜海鲜）
地址：台北市松山区南京东路 3 段 255 号 2F
电话：02—27123456 转兰花厅
营业时间：11:00—15:00，17:00—22:30

一流清粥小菜
地址：台北市大安区复兴南路 2 段 106 号
电话：02—27064528
营业时间：10:00—05:00

小李子清粥小菜
地址：台北市大安区复兴南路 2 段 142—1 号
电话：02—27092849
营业时间：17:00—06:00

酒家菜

台湾民间青花瓷
瓷器绘盘内容
反映平民
生活趣味
古诸神
敬

酒家菜是特定时空下的一种混血菜，可谓台菜结构中的重要基石。

太平洋战争结束前后，物资缺乏，台湾尚未有像样的餐馆，亲朋好友来访，若不想在家款待，多去酒家。酒家即是当时的高级餐馆，菜色融合了闽南、广东、日本料理，其中尤以福州菜为主调。酒家大量使用罐头，或佐餐或调味，此外也经常使用干货，如香菇、鱿鱼。常见的酒家宴席菜包括冷盘类的乌鱼子、九孔、软丝、生鱼片、粉肝、烧鹅；热炒类的桂花鱼翅、油条炒双脆；汤品则有鱼翅羹、鱿鱼螺肉蒜、蛤仔鲍鱼、冬菜鸭、鱼丸汤、猪肚红枣。此外，还常见红蟳米糕、红糟肉、鸡卷、金钱虾饼、排骨酥……

为了鼓励顾客多喝酒，酒家菜多油炸品，前述排骨酥之外，红糟三层肉、鸡卷、虾卷、爆鱼、爆肉、炸白鲳、炸溪哥、盐酥虾、炸溪虾都是。我爱吃的酒家菜包括"吟松阁"的鱿鱼螺肉蒜、麻油鸡饭、白斩鸡，"圆环流水席"的鸡仔猪肚鳖、佛跳墙、通心鳗。"鸡仔猪肚鳖"是套菜，将鳖塞进鸡腹，再把鸡塞进猪肚；"通心鳗"即切段取骨后的鳗鱼内塞入冬瓜、火腿、笋炖枸杞。每次我去"金蓬莱遵古台菜餐厅"吃饭，必点排骨酥、香炸芋条。

既是较具规模的餐馆，酒家遂成为社交场所，举凡官场酬酢、生意商量、是非公断，常以酒家作协调场所。1960 至 1970 年代，台湾的酒家文化最兴盛，北投酒家林立，吸引了许多企业大亨、黑道大哥来饮酒作乐。酒家菜源自日治时期，那时多伴随着人文风景，连横曾赞美当时的酒家富于诗意：

　　　前年稻江迎赛，江山楼主人嘱装一阁，为取小杜秦淮夜泊之诗。阁上以绸造一远山，山正为江，一舟泊于柳下。舟中一人，纱帽蓝衫，状极潇洒，即樊川也。其后立一奚奴，以手持桨。楼中有一丽人，自抱琵琶，且弹且唱。远山之畔，以电灯饰月，光照水上，夜色宛然。而最巧者则楼额亦书"江山楼"三字，一见而知为酒家。是于诗意之中，又寓广告之意，方不虚耗金钱。

酒家总是带着浓厚的日本味。日据时期台北最出名的酒家是江山楼，1921年吴江山独资创立于大稻埕。1923年出版的《台湾旅行案内》描述大稻埕是台北新兴的商业区，乃"米与茶叶交易的核心地带，砖造的大型商店栉比鳞次，充满异国情调"；1939年出版的《台湾观光の刊》也强调大稻埕的异国氛围，是"具有特色的大市场，不消说鱼鸟兽蔬菜类，草根木皮、杂货店栉比，饮食店散发美味奇特的香味，大大刺激食欲"。在日本人的眼中，当时的台湾混合了汉民族和西洋文化，江山楼就带着这种混血氛围。

以建筑外观而言，江山楼足堪媲美总督府、博物馆，吴瀛涛追忆："其设备，于二、三楼各有七间精致宴会厅，屋上四楼另辟有特别接待室一间、洋式澡堂十间、理发室、屋顶庭园，尚有可容纳五十至七十人的大理圆石桌座。四、五楼有展望台，各楼的楼梯装饰有美术玻璃镜，一楼充作办公厅、厨房、作业地等，使用人经常有五十名以上。"连横有诗歌赞：

> 如此江山亦足雄，眼前鲲鹿拥南东。
> 百年王气消磨尽，一代人才侘傺空。
> 醉把酒杯看浩劫，独携诗卷对秋风。

登楼尽有无穷感，万木萧萧落照中。

当时江山楼是台北最顶级的餐馆，亦是权力、情色、文化交织的场域，出入无白丁，多为殖民政府高官、商贾地主、墨客雅士。经理郭秋生即非等闲，他在 1930 年代的乡土文学论战中，主张建立台湾话文，也参与创办《南音》文艺杂志。

邓雨贤的第一首创作歌曲《大稻埕进行曲》首段歌词，也是以江山楼为场景："春天深更，江山楼内／弦仔弹奏的声韵，钻入心头"，在繁华的酒家饮酒，听二胡声钻入寂寞的心灵，倍觉清冷。这是早期的台湾酒家，有美食，有情色，也有文化内涵。

江山楼之所以声名远播，一开始是因为接待 1923 年来台的皇太子裕仁（后来的昭和天皇），当时担任烹调者在一周前即须隔离，斋戒沐浴，食材则由总督府调进部精选；当天的菜色包括雪白官燕、金钱火鸡、水晶鸽蛋、红烧大翅、八宝焗蟳、雪白木耳、炸春饼、红烧水鱼、海参竹菇、如意煲鱼、火腿冬瓜、八宝饭、杏仁茶。后来日本皇族来台，都到江山楼用餐，从此巩固了其"皇室御用达"餐馆的地位。横路启子教授在一篇论文中指出，酒家菜之形成，是台湾人内化了殖民帝国的饮食观，欲区别"支那料理"而出现。

江山楼所提供的是台湾第一代酒家菜。后来的"吟松阁"、"五月花"、"黑美人"堪称第二代酒家菜代表，依然不乏莺声燕语，却没有了浅斟低唱的情调。"那卡西"（流し）取而代之。

那卡西是一种流动式的卖唱行业，通常两人或三人为一组，源自日本。北投则是台湾那卡西的发源地。几十年来，台北的餐饮飞速进步，从前盛极一时的福州餐馆都已没落。1980 年代之后，北投酒家渐没落，卡拉 OK 又取代了那卡西走唱文化。

我大学毕业时结识了一位雕塑家，他喜欢在北投酒家饮酒作乐，有几次带着我去开眼界。我确实也见识到人间烟花，文人歌伎的风情。在温泉乡，不免需那卡西助兴，雕塑家总是雇请一对江湖走唱的夫妻，边弹奏手风琴、吉他，边唱歌、饮酒，歌声常带着凄楚。我一下子就被温泉乡的风情迷住了，忽然觉得轻狂在绮罗堆里的身体，仿佛有着柳永的幻影。

吟松阁
地址：台北市北投区幽雅路 21 号
电话：02—28912063
营业时间：12:00—24:00

热海日式料理海鲜餐厅
地址：台北市万华区和平西路 3 段 162 号
电话：02—23063797
营业时间：15:30—01:30

金蓬莱遵古台菜餐厅
地址：台北市士林区天母东路 101 号
电话：02—28711517，28711580
营业时间：11:30—14:00，17:00—21:00

新利大雅福州菜馆
地址：台北市万华区峨嵋街 52 号 7 楼
电话：02—23313931
营业时间：11:00—14:00，17:00—21:00

臺灣的酒家菜
結合了閩南、廣東和日本料理，
是混血的邊陲味道。

鱿鱼螺肉蒜

臺灣
二魚
雙薰盤
豈古禮
嫁娶之
必需知今
看來它仍
些那麼好玩

大学刚毕业时结识了雕塑家侯金水，他喜欢上酒家寻欢作乐，几次领我去北投痛饮，餐桌上总不乏一锅"鱿鱼螺肉蒜"。侯金水总是指定那对走唱江湖的夫妻来表演那卡西，丈夫司乐，太太歌唱，那歌声似乎饱尝过人生的折磨，充满了沧桑，充满了风尘味。后来侯金水玩丙种股票，欠了一屁股债，逃至厦门，从此杳无音讯。

后来我带家人去阳明山、北投一带泡温泉，都会在温泉餐馆吃午饭，也是少不了一锅鱿鱼螺肉蒜。这是台湾常见的年节汤品，是节庆、办桌的佳肴，多出现在交际应酬的场所。此汤曾经是贫困年代的高档菜肴，后来经济起飞，在追求食材高昂的时尚下，鱼翅、鲍鱼成了讲排场的新欢。

鱿鱼螺肉蒜是典型的台湾酒家菜，主角为鱿鱼、螺肉和蒜苗，鱿鱼用干货，干鱿鱼之味才隽永；螺肉选用罐头制品，"欣叶"台菜行政总主厨陈渭南认为，此汤成功关键在所选用的螺肉罐头，他推荐日制"双龙牌"。干鱿鱼以阿根廷公鱿鱼较佳，肉厚，味浓。蒜苗以过年前后的青蒜最好，取其纤维较细，香味亦较佳。

常见的配角有红葱头、排骨、猪肉、香菇、萝卜、芹菜等等，也有人会加入栗子、芋头、笋、虾米。过年前后，正逢芥菜盛产，用芥菜心煮汤，有一种清爽之美。

做法是剥去干鱿鱼外皮，泡盐水至软，剪成条状。蒜白和蒜绿分开处理：蒜白切厚斜片，备用；蒜绿切段，过油。先用米酒、淡色酱油、五香粉、地瓜粉抓腌排骨或猪肉，猪颈肉尤佳，再油炸排骨、芋头至透。我有时并不油炸，排骨汆烫后，直接入滚水中煮半小时。

起滚水锅，煮排骨、芋头、猪肉片、蒜绿及调味料。另起锅，以热油爆香红葱头，滤出。接着炒香鱿鱼、香菇之属，再加入蒜白拌炒。最后倒入汤锅中所有材料及螺肉罐头，一起滚煮，调味，倾入红葱头。罐头里的螺肉汁偏甜，可斟酌作为高汤的一部分使用。

这是一道酒酣耳热时喝的汤品，非但不排斥人工甘味剂，反而大胆运用。常用的调味料包括蚬精、白胡椒粉、鲣鱼粉、香菇精、味霖等等。我对罐头食品殊乏好感，螺肉罐在这里却表现了罐头之美。世间难见像日本作家内田百闲（1889—1971）这样的嗜吃罐头者，尤其是有一点生锈的罐头，食物带着马口铁的气味，他断言"罐头要旧的才有意思，因为偶尔经过夕阳的照射，一定会比存放在阴凉处的罐头味道更为成熟。如果是用开罐器打开的罐头，以一般方法存放的话必须从罐底打开"。不晓得是否因为这样怪异的食性，养成他偏执的个性。

干鱿鱼具典型的干货美。很多海味晒干之后，仿佛变身成了另一种食物，散发出新魅力，其风味远非鲜货可比，如干贝、鲍鱼、海参、鱿鱼、乌鱼子……

因为是传统酒家菜，带着酒家菜血统的餐馆都能煮出一锅好的鱿鱼螺肉蒜，诸如吟松阁、蓬莱阁酒家、遵古金蓬莱台菜，以及台菜餐馆如易鼎活虾、茂园、青青餐厅等等。

鱿鱼螺肉蒜有一种风尘味，滚沸着寻欢作乐的氛围，适合边吃边听江蕙的台语歌，亦适配饮高度数烈酒，吃喝之间油然升起江湖好汉的气概。

此汤上桌时，通常会架在小煤气炉上保温续煮，煮的过程，鱿鱼不断释放出海味，越煮越有滋味。仿佛是一则隐喻。

它集合了多种食材的香味，层次丰富，既有海味之鲜，又具陆味之腴，味道甘美而温暖，厚实，悠远。我带妻子赴广州复大医院求诊前夕，岳父母一家都来家里探望，我煮了一大锅鱿鱼螺肉蒜，十几张嘴吃得乐融融，我自己连喝五碗汤才罢休。喝到一半，接到思和从意大利传来的简讯，祈祝一切平安；明芬也传来简讯打气："请带着我们大家的爱前往"。我想，那晚的鱿鱼螺肉蒜，还带着祝福的意思。

欣叶
地址：台北市中山区双城街 34-1 号（德惠街口）
电话：02-25963255
营业时间：11:30-24:00

青青餐厅
地址：新北市土城区中央路 3 段 6 号
电话：02-22691127，22691121
营业时间：11:00-22:00

金蓬莱遵古台菜
地址：台北市士林区天母东路 101 号
电话：02-28711517，28711580
营业时间：11:30-14:00，17:00-21:00

茂园
地址：台北市中山区长安东路 2 段 185 号
电话：02-27528587，27114179
营业时间：11:00-14:00，17:00-22:00

窯裏
桌上的
擺設像一幅
美麗的風景

張生 畫

佛
跳
墙

顏色素淨的青花彩繪
罐有多種用途）、茶葉、中藥
零食、餅乾、糖薑皆宜。
有人拿來裝食用油跳。

佛跳墙堪称福建的首席名肴，用料讲究，工序繁复。主料有鸡、鸭、羊肘、蹄尖、蹄筋等等约二十来种，辅料包括香菇、竹蛏、鹌鹑蛋等等达十余种。

先分别烹制所有的材料，如排骨、芋头先油炸，鱼翅、海参先发好，鹌鹑蛋先煮熟，猪脚、猪肚先烧卤……再用熬出的鸡汤加绍兴酒注入瓮内约九分满，慢火细炖或隔水蒸煮。烹调器具以瓷瓮为佳，需大而深，窄口宽腹，瓮口以荷叶密封，隔水蒸煮约一小时，成品酥软味腴，香气馥郁浓稠。

发展至今一百多年，佛跳墙材料迭有变化，丰俭随人。虽仅一百多年，佛跳墙的起源却众说纷纭，其中之一：传说有个乞丐，将讨来的残羹冷炙，在某佛寺墙角升火烩煮，香味飘散，诱引寺庙内的和尚忍不住翻墙过来索食。

比较可信的是清光绪年间，一福州官钱局官员在家宴请福建按察使周莲，主料为鸡、鸭、猪等约为十种，用绍兴酒坛精心煨制而成。周莲品尝后赞不绝口，问及菜名，该官员说该菜取"吉祥如意、福寿双全"之意，名"福寿全"。周莲遭家厨郑春发求教于官员内眷，并加以改进。

郑春发可谓闽菜奠基者，他在光绪三十年（1904）独立承接了"三友斋"并易店名为"聚春园"，即以福寿全一菜而轰动榕城，慕名来品尝者众。此菜上桌启坛时，鲜香味触动了一位秀才的灵感，即兴吟哦："坛启荤香飘四邻，佛闻弃禅跳墙来"，从此"佛跳墙"之名流传天下。另一说，"福寿全"的福州腔似"佛跳墙"，遂以讹传讹至今。

附会的故事虽未可信，却也有几分道理。林文月认为乞丐烩煮残羹冷炙的传说，正好表现佛跳墙的烹制特色：各味分散，汇聚而隔水蒸煮；若同样的素材同锅烹煮，效果全异。

现在的聚春园包含旅馆，规模很大，据说菜色有两千多道，我初访时太贪心，独自暴食了佛跳墙，又加点了荔枝肉、糟肉夹光饼、爆糟家兔肉、鱼丸肉燕汤、太极香芋泥。

有福州人认为，福寿全既称"全"，基础必为全鸡、全鸭、全肘，非炸排骨所能取代；且坛底必铺以干货如淡菜、蛏干等；加入芋头仅充实内容分量，有蛇足之嫌；筋则以鹿筋，猪蹄筋无法彰显主人的贵气云云。然则整只鸡、鸭、肘全塞进瓮内，需要多巨大的瓮啊？真是莽汉吃法。

这道菜初始不算热门，梁实秋说他到台湾之前，从未听说过。佛跳墙清末渡海来台后，融入台菜，声名大噪，面貌却不复闽味：渐无鸡、鸭、羊肘，转而加重海味分量如干贝、鲍鱼、鱼皮，辅料则常见金针菇、大白菜、枸杞、桂圆等。

我觉得台式佛跳墙以北投酒家所烹最迷人，也许是因为温泉环境的加持。北投酒家都有汤屋，冬日泡汤泡到全身酥软，适时喝这碗热汤，委实是品味佛跳墙的最高境界。高行健甫获诺贝尔文学奖时，我曾带他去历史悠久的"泷乃屋"泡汤庆祝，两人坦诚相见，边在烟雾迷蒙中聊天，边欣赏窗外美丽的庭园。可惜诺奖得主都越来越难接近，十年来终于失去了联络。

除了温泉酒家，台菜馆、福州菜餐厅所烹亦佳，目前台北最正宗最高档的福州菜莫非"翰林筵"，此店主推福州官府菜，乃沈葆桢后代沈吕遂开设，招牌菜即是佛跳墙。"明福餐厅"所制舍弃芋头、炸排骨，代之以荸荠、笋、白果、花菇、冬虫夏草、松茸、鱼唇、鸡睾丸等等十几种材料，汤头显得较清爽。

有天晚上，杨牧伉俪赐宴于明福餐厅，我问阿明师，来不及预订你们的镇店招牌"一品佛跳墙"，有幸品尝吗？当然没有。约十几分钟后老板娘过来说有了，一桌日本客人预订了一瓮，他们临时不来了，那瓮就让给你们。佛跳墙上桌，她先分盛了一碗给杨牧，他随即舀起一粒可疑的东西问这是什么，我说是鸡睾丸。他非常吃惊，持汤匙的右手悬僵如被点住了穴道。既然不敢吃就给我吧。

一群人鱼贯进店门，老板娘又把刚分盛的佛跳墙一一倒回瓮里，神色慌张地说："日本人来了"，声音仿佛是日本鬼子来空袭。她见杨牧碗里的汤已喝了几口，不好意思再倒回去，回头说："那碗大概要一千块钱，就送给你吃好了。"

佛跳墙集山珍海味于一瓮，象征丰富圆满。瓮里动辄超过二十种食物，它们都捐弃自己独特的味道，融合在一起，如众声交响，相得益彰，展现杂烩美学之极致。

每一年除夕，我都会做一瓮佛跳墙送到岳父母家，大概里面包含了干贝、鲍鱼、鱼翅等高档货，很自然地成为年夜饭的主角。除夕是亲人团圆的夜晚，理应回到自己的父母家吃饭，结了婚不妨各自回娘家。我喜欢送妻女回娘家吃团圆饭，看一个大家族争食我的作品，看老婆绽开的笑容。不谦虚地说，那瓮佛跳墙真美味，虽则加了芋头，汤并不显得混浊，有效讨好了团聚的亲人。

明福餐厅

地址：台北市中山区中山北路 2 段 137 巷 18 号之 1
电话：02—25629287
营业时间：12:00—14:30，17:30—21:00

翰林筵

地址：台北市大安区仁爱路 3 段 9 号 B1
电话：02—87735051
营业时间：11:30—14:30，17:30—21:00

聚春园大酒店

地址：福建省福州市东街 2 号
电话：86—591—87502328

肉　羹

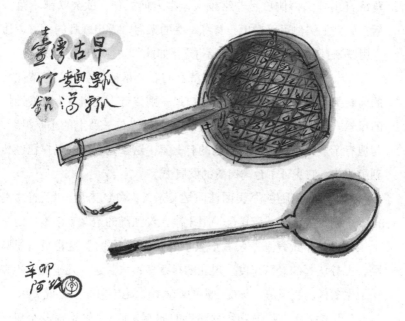

臺灣古早
竹麵瓢
鉤湯瓠

辛卯
阿敏

黄昏时，接到北大教授胡续冬电话："我和周舒正站在基隆庙口，请问该吃什么？"这位诗人、教授当时在"中央大学"客座，颇能自得其乐，又充满活力，才来一个月已全台趴趴走。基隆奠济宫前有意思的小吃摊颇多，我建议他们试试鼎边趖、天妇罗、白汤猪脚、红烧鳗羹、卤肉饭，尤其莫错过庙口第三十一号摊"天一香肉羹大王"。

肉羹摊的创始者，是人称"肉羹顺仔"或"憨丁顺仔"的吴添福先生（1902—1986），他的故事流传在庙口，皆是美丽的传说。憨丁顺仔个性中有一股憨劲，乐善好施，热情参与庙会活动，每当奠济宫出阵头，他总是非常投入，举大仙尪仔、敨鼓吹都不落人后，庙会上"他可以摆出一身练拳头的架势，露出强壮的手臂，让人用铁条打，掌声愈大，他愈不痛"。如此憨劲也表现在肉羹上。

"天一香"招牌乃是当年奠济宫的庙公帮他命名的，意谓此摊的肉羹天下第一香。吴添福在庙口是一则传奇，是庙口小吃最灿烂的风景，虽则摊位跟其他家一样狭仄。基隆仁三路上的小吃摊贩，与他有亲戚关系或他传授手艺的有七家。这家近百年的老摊已经传到第三代，它见证了台湾肉羹的发展史。

"他很注意卫生，"吴丽珠回忆父亲卖肉羹的态度，"阿爸总是把桌子刷得很清洁，碗筷洗得很干净，看到碗的边缘有破损一定马上换掉，还常批评那些叼着烟做事的同业不卫生。"这也是古早味啊，古朴认真的经营态度。现在的摊贩多不太长进，几乎完全不在乎卫生条件。我坚信，忽视卫生的吃食摊，绝不可能会出现美味。

"亲家交待，若是看到劳动界的朋友来吃，"吴添福的小舅子林国本少年时就来摊位帮忙，他感佩姐夫的海派，"那些拖板车的、牵牛车的、踏三轮车的，或是码头工人、土水工人，饭就要装卡大碗，让人食乎饱"。该又是古道精神了，带着侠义感在做生意。

"天一香肉羹大王"的肉羹肉质嫩而鲜美，汤头清澈、甘甜，不像一般卖肉羹的，习惯将汤勾芡。这是很有创意的办法，盖那肉羹已经勾芡，那汤实宜清澈才是，若糊涂再勾芡，适得其反。

厨事常须先有知识原理，后有技艺操作。今人多不解肉片裹浆的用意，糊涂勾芡。其实袁枚早就告诉我们："治肉者，要作团而不能合，要作羹而不能腻，故用粉以芡合之。煎炒之时，虑肉贴锅，必至焦老，故用粉以护持之。此芡义也。能解此义用芡，芡必恰当，否则乱用可笑，但觉一片糊涂。"可见裹的粉只是一种媒介，不能当作主角。

我较欣赏的肉羹例不加鱼浆，纯粹的鲜猪肉制作。其实用来包裹猪肉的鱼浆多乏善可陈，徒然坏了猪肉的滋味。像罗东"肉羹庆"、台北延吉街"阿财鱼翅肉羹"、"福缘泉水肉羹"都不含鱼浆。"阿财鱼翅肉羹"选用新鲜猪后腿肉，腌制后加少许太白粉、调味料打成肉浆，以手工捏制成形，口感比一般添加鱼浆的肉羹鲜嫩。此店的肉羹早年确实加了鱼翅，后因成本太高而改成发菜。

"福缘泉水肉羹"是相对干净的肉羹店，黑色的桌椅收拾整洁，带着时尚感；墙上张贴着一些劝世警语，带着佛教的况味。店家标榜汤汁采用三峡大板根的山泉水所煮，肉羹采用当日现宰温体猪的肩胛肉，肉质细致恬淡，勾芡甚薄；其肉羹汤中仅有高丽菜和香菇，简单明了，蔬菜的鲜甜表露清楚，流露清淡之美。

肉羹的做法多元，各店都有自己的独门秘方，最常见的是猪肉腌渍后添加鱼浆，与大白菜同煮，汤中再勾薄芡，像罗东"林场肉羹"、台北北投"文吉肉羹"、旧时圆环"三元号"和"龙凰号"、东丰街"田原台湾料理"、板桥黄石市场"王家肉羹"属之。调味料以糖、乌醋、太白粉、白胡椒粉为主。即使添加鱼浆也不宜多,"林场肉羹"即谨慎使用鱼浆,仅在里脊肉片上添加些微的鱼浆和地瓜粉,令肉羹有较佳的滑嫩感和饱满感。肉羹多用大锅煮,像华西街"大鼎肉羹"是经营已达一甲子的老摊,汤底用大骨熬煮而成,汤中则不勾芡,以呈现羹汤之清澈和口感之清爽。

重庆北路"三元号"开业亦已超过一甲子,曾是建成圆环内的最有名的小吃,卤肉饭和肉羹是老招牌,店家直接将两者的搭配称为"一组"。此店以肉羹最佳,汤底用鲨鱼皮熬煮,加了蒜酥、乌醋调味,带着蒜味,偏甜;内有笋丝、鲨鱼皮、香菇,以及几丝散翅,肉片用的是黑猪瘦肉,打上薄浆,质地柔嫩又有结实感。"田原台湾料理"的肉羹并非以小吃的形式呈现,而是像一般桌菜的羹汤,因此用海碗,分量足,肉羹大块,嚼劲佳,里面有金针菇、鸿喜菇、笋丝、鳊鱼、香菜,每份一百元。

笋丝在肉羹中扮演重要的角色,它能令羹汤清香。我就很喜欢员林第一市场附近"谢家米糕"的肉羹,肉块较小,未裹鱼浆,仅勾薄芡,加上大量的笋丝,汤头清澈而鲜甜。谢家米糕采用浊水溪长糯米,蒸熟后浇淋肉臊,可谓卤肉饭的糯米版,弹牙可口,颇富咀嚼之乐。吃谢家米糕,喝谢家肉羹,搭配一盘独门烧肉,允为生活快事。

台湾有许多风味小吃适合搭配白饭,肉羹就是。一碗白饭,一碗肉羹,简单却不寒伧,有效给出饱足感。

福建莆田、仙游一带习惯吃炒米粉配"肉擦汤",肉擦汤类似台湾的肉羹，选用带点肥的瘦肉，切成小块，裹地瓜粉，放进滚汤中炖烂。

我估计，肉羹在台湾发展不过百年，其出身高贵，大抵流行于北部。起初，羹汤里用鱼翅、鲍鱼、干贝作材料，如今则以鳊鱼、香菇、白菜、竹笋为主要配角，皆切成丝。有人为繁复口感并增添形色，又加入发菜、蛋花、萝卜、香菜，体贴的店家还会在餐桌上供应乌醋和蒜泥。肉羹加入白饭里，变成肉羹烩饭；加入米粉、面，变为肉羹米粉、肉羹面，菜肴忽然变主食，是台湾料理富于变化的典型。

天一香肉羹顺
地址：基隆市仁爱区仁三路 27-1 号庙口
　　　第 31 号摊
电话：02-24283027
营业时间：07：00-01：00

福缘泉水肉羹
地址：台北市大同区民生西路 132 号
电话：02-25506117
营业时间：11：30-20：30，周日休息

田原台湾料理
地址：台北市大安区东丰街 2 号
电话：02-27014641
营业时间：11：00-14：00，17：00-21：00，
　　　　　周一休息

三元号
地址：台北市大同区重庆北路 2 段 11 号
电话：02-25589685
营业时间：09：00-22：00

林场肉羹
地址：宜兰县罗东镇中正北路 109 号
电话：03-9552736
营业时间：08：00-18：00

谢家米糕
地址：彰化县员林镇中正路 265 号
电话：0919-318646，04-8318646
营业时间：11：00-22：00，周二休息

四臣汤

臺湾古早燻油罐
內油

"四神汤"应作"四臣汤",盖闽南语"臣"和"神"同音,以讹传讹,久而积非成是。这是台湾的传统药膳,以北部为盛。主要材料是中药的四臣:淮山、芡实、莲子、茯苓,这四种药材有健脾固胃的功效。

淮山即山药,助五脏,强筋骨,健脾益胃,补肺止渴,明目聪耳。主治脾胃虚弱,倦怠无力,久泻久痢,食欲不振,肺气虚燥,痰喘咳嗽,肾气亏耗,下肢痿弱,带下白浊,遗精早泄,小便频数,皮肤赤肿。《神农本草经》说它"味甘,温。主伤中,补虚羸,除寒热邪气,补中益气力,长肌肉。久服耳目聪明,轻耳不饥延年"。

芡实可固肾益精、补脾去湿,《本草纲目》载:气味甘、平、涩,主治"湿痹,腰脊膝痛,补中,除暴疾,益精气,强志,令耳目聪明。久服,轻身不饥,耐老神仙。开胃助气,止渴益肾,治小便不禁,遗精白浊带下"。

莲子清心除烦、开胃,并可增强人体免疫机能,《食疗本草》说它主治五脏亏虚、内脏受伤而气息微弱,可以通利补益十二经脉、二十五络的血气。

《本草纲目》记载茯苓:气味甘、平,能开胃止呕逆,"安魂养神,不饥延年。止消渴好睡,大腹淋沥,膈中痰水,水肿淋结,开胸腑,调脏气"。

我读医书读得眼花缭乱,四种主料却没有一种是我爱吃的;尤其茯苓含较多纤维,口感不佳,宜切小片。后来有人干脆用薏仁取代茯苓,效果近似,口感好多了。中医说:薏仁清热、通利水、治经痛、健脾益胃,能提高肌肤新陈代谢与保湿的功能。

唐鲁孙在他的书中追忆了嘉义中央市场"益元堂"中药铺兼卖

日治時代的廚房調味料的主

傳統台灣人的味蕾 李蕭錕

四臣汤的故事：

> 益元堂老板，原本是船员出身，因为整年在海上作业，
> 餐风露雨，饮食不调，得了脾虚胃弱的病，终日饮食不进，
> 病况垂危，有人传他一个偏方，每天早晚饭后喝一碗四臣汤，
> 而且要连渣子一并吃下，过了一个多月，居然胃口大开，渐
> 渐恢复健壮。他知道过分劳苦的人得这种病的比比皆是，于
> 是从此发心，济世救人，开益元堂中药铺，门前摆了一个专
> 卖四臣汤的摊子。

我喝四臣汤从未考虑它的疗效，淮山、芡实、莲子、茯苓等药
材殊乏美味，可它们结合在一起，以小火炖猪肚、小肠、生肠、粉
肠等药引，竟激荡出美味。中药最了不起之处在于它除了疗效，还
可以变成美食。有人会拿西药当食物？

为了追求美味，四臣汤中加入猪内脏作配料，后来配料逐渐凌
驾主料。最常见的配料是猪小肠，小肠必须整治干净，绝不可贪快
而使用化学药剂清理。整治洁净的小肠才不会出现腥膻味，熬煮之
后更显得清爽，散发脂香。从前清洗多用明矾、粗盐、面粉搓揉肠
肚，后来发现啤酒、可乐的洁净效果更彻底。

四臣汤的做法颇为繁复：最好使用焖烧锅，加葱、姜、蒜先炖
煮猪肠、猪肚至软烂。煮熟干莲子。熬煮淮山、芡实、薏米、茯苓
与处理过的肠、肚，直到芡实、薏仁至熟软。再加入莲子同煮。起
锅前加盐调味；上桌时滴入些许米酒。

这道小吃发源于 20 世纪台湾的贫困年代，犹原保留勤劳的精

神，摊商贩售四臣汤，常兼卖肉粽、肉圆、肉包、大肠面线、肉羹、碗粿、糯米肠、炒米粉等小吃。台湾的夜市、庙宇附近都不乏美味的四臣汤，如台南市"镇传四神汤"就在武庙附近崛起，其肠、肚软而弹牙，腴且滑嫩，汤头醇厚浓郁。

优质的摊商都像"镇传"，每天早上去挑选新鲜的猪肠，猪肠一经冷冻，口感逊矣。买回来之后须一条条翻面、清洗，先在沸水中烫熟，再与中药材熬煮，直到软腴适嚼。

大稻埕一带可谓台北的小吃重地，去霞海城隍庙拜拜或逛迪化街买南北货，不宜错过"妙口四神汤"。此摊强调古早味，正宗以等比例四臣煮成；不仅四臣汤好，肉包也美，口味不遑多让于鹿港的"阿振肉包"。彰化银行门口有这一摊，使这家银行的气质格外动人。

既是汤品，要紧的是熬出好汤，邻近宁夏夜市的"阿桐阿宝"用大骨熬五六个小时，汤呈乳白色。这店营业时间很长，其小肠清理得相当洁净，汤内除了小肠和薏仁，不见四臣。原来店家顾虑四臣难耐久煮，遂磨成了粉加进大骨汤里。值得称许的是桌上供应泡着当归的米酒，由客人自取，而且免费续汤。

"刘记四神汤"邻近"二鱼文化"旧办公室，我几乎三两天就去吃一次，其"四神汤"并无传统四臣，主角是各式猪肠和猪肚，汤内仅有薏仁，完全名不副实。可它真好吃，老板用心整治肠肚，当日购买材料，当日贩售。

景美夜市那摊"双管四神汤"，兼营油饭、蚵仔面线。所谓"双管"是双小管，即小肠套小肠，厚度增加，以求其口感富足。由于分量加倍，嚼劲加倍，其去腥、炖煮都须加倍用心。

大稻埕慈圣宫前亦有我爱吃的四臣汤，此摊各种肠子皆仔细清洗，其汤头加入甘蔗熬煮，成品未滴米酒，纯粹的滋味。喝此摊的四臣汤，不宜错过肉包，他们的肉包比别家硕壮，外皮也显得厚，咬一口，麦香随着热烟溢出；接着是里面结实的肉球，涌现不可思议的肉香和酱香。

四臣汤是穷人的补品，汤里的中药材和那些猪内脏都很便宜。穷人需要滋补，穷人也往往缺乏滋补；贫穷的时候用美味进补，感情特别深刻。很多台湾人小时候都吃过妈妈煮的四臣汤，每一追忆不免是盈眶的眼泪。

这碗汤，给黑白的记忆注入了色彩，给平淡的生活蓄满感动；这碗汤，带着健康和祝福，盛入穷人的碗。

妙口四神汤

地址：台北市大同区民生西路、迪化街
　　　交叉口（彰化银行骑楼下）
电话：0919-931007
营业时间：11:00—19:00，周一休息

阿桐阿宝四神汤

地址：台北市大同区民生西路153号
电话：02-25576926
营业时间：10:00—05:00

广东汕头刘记四神汤

地址：台北市中正区南昌路2段2巷口
　　　（邮政医院后面）
电话：0935-682933
营业时间：15:30—20:30，周日休息

双管四神汤

地址：台北市文山区景美街115号
　　　（景美夜市内）
营业时间：17:00—24:00，周一休息

镇传四神汤

地址：台南市中西区民族路2段365号
　　　（赤崁楼对面）
电话：06-2209686，0927-729292
营业时间：11:30—24:00

鸡
卷

鸡卷是台湾风味小吃，常见于从前的"办桌"宴席，可当菜肴，亦可做点心，尤流行于北台湾。这是一道名不副实的食物，称呼鸡卷，可材料中却无鸡肉。

北方的鸡卷不同，如天津的清炸鸡卷就使用鸡脯肉、火腿条制作；川味鸡卷则包以网油，也加入鸡肉；都迥异于台湾鸡卷使用猪肉。台菜中的鸡卷主要有三说：其一谓鸡卷从前叫"石码卷"，乃福建石码镇传来；其二谓它的形状像鸡脖子，闽南语鸡脖子发音近似鸡卷；又一说断言鸡卷当以闽南语发音，"鸡"与"多"同音，意谓"多出来的一卷"，将祭祀后没用完的猪肉、剩菜剁碎，调味，以腐皮包卷，入油锅炸熟。我较采信最后一种。多一卷的意涵，背后是刻苦农家，节俭惜物所开发出的菜肴。

现在的鸡卷已不再包裹剩菜，除了以猪肉为主体，常见的内馅包括鱼浆、荸荠、胡萝卜、香菜、洋葱、红葱酥、芋头、葱、虾米、香菇等等，将选用的材料用盐、糖、胡椒粉、五香粉、酒、酱油、鸡蛋拌匀，略微腌渍后，以豆腐皮包裹，以中低温油（约80℃即可）下锅油炸而成。台湾鸡卷实际上是猪肉卷。宜兰的肉卷加了猪肝，称为"肝花"。

无论材料或调味，都表现一种艺术的调和，各家所选用的略异。要之，五香粉的味道甚重，下手须节制，分量不可多于胡椒粉，又有人习惯在腌料中掺入荧粉，实不足为训。

好吃的鸡卷表皮总是酥脆，里面又香嫩多汁。添加在里面的鱼浆、太白粉的分量，必须掌握准确，稍微失控，口感即有过硬或过粉之虞。

鸡卷常见于台湾的传统市场，平价又容易购买，普通家庭鲜少自制。一般台菜餐馆大抵能制作出相当水平，如"欣叶"、"明福"、"义兴楼"的鸡卷都很出色。义兴楼有过非常繁荣的历史，那些传统菜肴代表了老景美的味道，其鸡卷不添鱼浆，真材实料风靡了数十年。

多年前我曾带蔡澜去木栅"永宝餐厅"吃台菜，面对整桌菜肴排名，他竟说鸡卷第一。这是一家很深情的餐厅。我在木栅住了十几年，"永宝"算是芳邻，初尝其滋味却是逯耀东教授推荐，说它能做道地的古早台菜。

绰号"老鼠师"的陈永宝从 1967 年起专营外烩，打响口碑。老鼠师在当年的千岛湖事件中遇害，儿女们为了怀念爸爸，接手经营餐厅。第二代掌门人陈钦赐先生完全继承父亲的厨艺，保留古早的办桌滋味，更不断研发创新。

逯耀东教授遽尔辞世后，我为他在永宝举办追思餐会，邀集了一些他的好友相聚吃吃喝喝，并请来黄红溶演奏巴赫的《无伴奏大提琴组曲》慢板乐章和快板乐章，在深刻的音乐中吃深情的台菜，大家边饮酒边追忆和这位美食家的交往经验。

后来陈钦赐先生经营别种事业，餐馆旧址亦改建大楼。忽忽过了几年，我竟搬到这栋餐馆改建的大楼居住，可惜已经没有了永宝餐厅。所幸陈钦赐的两个妹妹秀贞、秀敏，还在木栅市场卖鸡卷。

除了台菜餐馆，台北有些小吃摊的鸡卷亦不遑多让，如延三夜市"叶家五香鸡卷"，单卖鸡卷，别无他物；内馅也单纯，仅猪肉和洋葱，搭配腌渍黄瓜佐食，微酸，微甜，微美。叶家鸡卷的表皮色泽相对轻淡，馅料结实，现包现炸现吃，很是烫嘴，得边吃边吹气。此外，永乐市场"永乐鸡卷大王"、平溪菁桐村"杨家鸡卷"

也好吃。不过大部分店家都将蘸酱淋在鸡卷旁，鸡卷本身调味已重，实不必如此蛇足。

　　鸡卷的美学是调和准确，表皮金黄酥脆，内馅细嫩多汁。这道朴实的菜，外表不起眼，总透露着怀旧的滋味和珍惜的表情。

永乐鸡卷大王
地址：台北市大同区延平北路 2 段 50 巷 6 号
电话：02－25560031
营业时间：07：30－13：00，周一休息

木栅菜市场鸡卷
地址：台北市文山区集英路 22 号

杨家鸡卷
地址：新北市平溪区菁桐街 127 号
电话：02－24951056
营业时间：07：00－22：00，周四休息

菜
　包

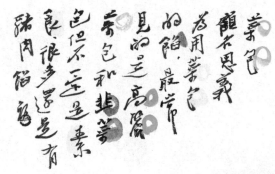

菜包顾名思义
为用菜包的馅。最常
见的是高丽
菜包和韭菜
包，但不一定是素
食，很多还是有
猪肉馅的。

有一派说法谓客家菜包乃客族南迁后所研发。盖客家源于华北，日常自以面食为主，后来不得已改吃米食，遂变化米食外形成水饺状，带着怀念的意思。

粮食种类既变成以稻谷为主食，辅以地瓜、芋头和瓜菜，又出现了许多既是菜肴又是主食的食品，例如"粄"。

这种菜包就是粄，以糯米为主料，加水磨成浆，再脱水成米团，用以制作成各种口味的点心。客家菜包与一般菜包最大的差异在外皮——不用面粉制皮，而采用糯米。发展至今，外皮种类越来越多，诸如绿色的艾草粄，紫色的山药粄，黄色的地瓜粄。白色的原味菜包多用新鲜萝卜丝，其他菜包则多采用干萝卜丝。

最普遍的仍是以圆糯米磨浆、压干、拌匀的白外皮，皮薄馅多是美味的方程式。从前，客家庄过年才吃菜包，除夕夜每人吃一个。春节前正当萝卜盛产，出嫁的女儿也都回娘家参与制作菜包，她们在溪沟里涮洗好萝卜，带回家削皮，刨签，用粗盐抓去水分，再加以爆香。菜包美味与否，关键在于萝卜丝炒得香不香。

如今菜包已是吾人的日常吃食，有时我上课会订购一些，和研究生边吃边论学，令沉闷的学术有了生活的滋味。

台湾所发展出的客家菜包，南部叫"猪笼粄"，北部曰"菜包"，以中坜一带闻名，二十年来已成了中坜的名产。尤其是"刘妈妈菜包店"和"三角店客家菜包"，两店毗邻，都颇具规模，种类甚多，其馅料除了招牌萝卜丝，还包括高丽菜干、酸菜、竹笋、芋头，都饱满多汁，最了不起的是两店都二十四小时营业。客家菜包店的营业时间都很早，清晨即卖，往往未到中午就售罄。

2009 年 12 月，我举办了一场"客家饮食文学与文化国际学术研讨会"，并为大会构思主题晚宴"客家宴"，菜单中特地安排了一道有着深情故事的"虾公卵粄"。由于台湾从未制作过这种粄，我决定选择一家厉害的菜包店委托制作，研究生张美凤推荐"春来菜包店"，我反复跟店家说明馅料，并试吃了三次，终于成功推出。

虾公，指淡水小虾，"公"在客语中作语尾助词，如"猫公"、"鼻公"、"手指公"，无涉雌雄。这是永定洪坑的独特食品，流传着一段父女恩情的故事。

相传明代嘉靖年间，永定林九峰所生的五男四女皆已成婚，最孝顺的幺女满女也最清贫，父亲六十寿诞那天，她煞费苦心地制作了虾公卵粄，满心欢喜回到娘家，才踏进门槛，见满室贺客和满屋礼物，忽然自卑地不敢走入厅堂，遂直奔父亲的卧房，只见父亲独自坐在床沿叹气。原来林九峰不喜应酬、张扬，儿孙辈又都忙于招呼宾客，厅堂觥筹交错时，寿星竟在卧房里饥肠辘辘，满女适时献上尚有余温的虾公卵粄，并陈述无法备办丰盛寿礼的衷曲，父女在香浓味美中细述家常，共享天伦之愉。

"虾公卵粄"流传已超过四百年，王增能在《客家饮食文化》一书中说虾公卵粄又叫"新丁粄"，其实不对，盖新丁粄是客家人生了男孩（添丁）之后，在过年、正月十五向土地公还愿所做的大红粄，类似闽南人的红龟粿，做得越大越好，甚至举办比赛，目前东势地区还维持这项传统，平常并不贩售。中坜"三角店"、"刘妈妈"亦可订制绿豆、红豆或花生口味的新丁粄。

虾公卵粄属咸粄，古早的做法是：将米磨成粄浆，制成粄皮；

以小虾、鸭蛋、笋拌和作馅；再用粄皮包馅，蒸熟。"客家宴"的虾公卵粄和永定所制颇有不同，结合了台湾的菜包，并做了一些改良：用粄皮包裹鲜虾仁、鸭蛋、虾干、虾皮、萝卜丝、豆腐干、猪肉拌和香料做成的馅，蒸熟。

菜包现炊现吃最美，我的经验是，若多买了一些带回家，冷却后宜直接置诸冷冻库，莫放在冷藏，这样当再度加热时外皮才不虞完全失去弹劲而变得糜烂。

周末清晨，我们总是驱车到大溪，跟"溪洲楼"的李老先生学习吐纳功，在湖边，阳光特别亮，将草地镀上金黄色，抬头深呼吸，天空极蓝极洁净。练完功，李伯伯有时嘱咐阿倡煮姜丝鱼头汤给我们喝。除了姜丝鱼头汤，阿倡偶尔另烧了清蒸吴郭鱼、避风塘吴郭鱼，搭配地瓜稀饭吃，大清早练功，神清气爽，又能吃到溪洲楼的鲜鱼，心情如刚出蒸笼的菜包。

时间还早，我们不急着回家，常顺便到关西买菜包。关西"阿娇客家传统美食"的菜包馅鲜嫩多汁，咬开外皮，饱满的鲜汁溢出，允为我心目中的全台首包。

所有好吃的菜包皆遵循古法制作，都带着木讷质朴的表情，正正经经磨米制皮，严选材料再仔细爆香，绝不胡乱添加化学调味料。东势国小旁的"黄妈妈菜包店"亦是老老实实的性格，照本分认真制作：内馅用乡下饲养的黑毛猪，和油葱、虾米、香菇、蒜爆香，再结合萝卜丝。吃这些好菜包，突然间有所领悟，洞悉一切。

阿娇客家传统美食

地址：新竹县关西镇石光里 466 号

电话：03—5868280，0935—185084

营业时间：05:00—12:00

春来菜包店

地址：桃园县平镇市环南路 524 号

电话：03—4937634，0910—143047

营业时间：06:00—18:00

黄妈妈菜包店

地址：桃园县平镇市平东路 1 段 187 号

电话：03—4504669

营业时间：06:00—10:30

刘妈妈菜包店

地址：桃园县中坜市中正路 268 号

电话：03—4225226

营业时间：24h

三角店客家菜包

地址：桃园县中坜市中正路 272 号

电话：03—4257508

营业时间：24h

煋肉饭

字号

日日
用

新莊日日用
打鐵店菜刀
遠近皆知
其名近于
百年老
店以
隨著
輝铛之盛
鑄成名陽
工藝

彰化到处可见"爌肉饭"招牌，是彰化人寻常的吃食。不过"爌"字在这里有误，应作"焢"肉饭才正确（按：爌为明亮之意，又同旷；而焢，音控，焖煮的意思）。一般是将五花肉切大块，用酱油、酒，加入冰糖、蒜头、葱及香料，煮滚后放入肉块，以小火卤煮至熟透。卤煮之前，有人会增加炸或煎的工序，以求肉质的弹性。也有商家舍冰糖，而以甘蔗取代，如台中市"陈明统爌肉饭"、埔里"阿鸿爌肉饭"，追求轻淡的甜味中带出含蓄的蔗香。

香料是各店家的不传之秘，有人爱添加八角，我以为不妥，盖八角味道甚强，恐遮蔽了纯粹的肉香。焢肉饭和卤肉饭相同的是表现肉香和油香结合饭香，不过前者还给出大块吃肉的痛快感。焢肉饭要好吃，在于焢肉与饭的搭配演出，肉要卤得美，饭要煮得漂亮，两者快乐地结合。

猪肉多选用五花，也可以是后腿肉或腱子肉，关键是要卤得恰如其分，不可太烂，亦不可显柴，不能死咸，也不能偏甜。至于米，不论池上米或浊水米，要紧的是严格控制水分，才能煮出剔透而弹牙的饭粒。除了肉和饭，常见的配菜有萝卜干、笋丝、腌黄瓜、梅干菜、炒高丽菜等等。

这是一种会令人心跳加速的食物。很羡慕彰化人生活中有焢肉饭，此地饮食以小吃为大宗，街头闲晃，好像三步一肉圆、五步一焢肉饭，好像连八卦山大佛也爱吃焢肉饭，美味的摊商多不胜数，诸如"鱼市场爌肉饭"、"夜市爌肉饭"、"阿章爌肉饭"、"阿泉爌肉饭"……台湾各地皆有焢肉饭，只有彰化、台中的焢肉上会贯插着一根竹签，像是美味的符号；也具有实用功能，令久卤的猪肉不致失形。

我曾在彰化"阿泉爌肉饭"对面的小旅馆住过两天，清晨披衣外出，惊闻"阿泉"的焢肉在街头飘香，忽然叫饥肠怒吼。那块半圆形的猪肉久卤后显得柔嫩，被煮得晶莹洁白的米饭衬托，显现一种忍不住的激情。一口肉，一口饭，一口萝卜干，很快就吃完了两人份。

那块肉选用温体猪后腿肉，汆烫后切块，再以独门卤包卤制三小时。店内除了焢肉饭，另有面、米粉，以及卤蛋、香肠等小菜，还有骨仔肉汤、鱿鱼汤、蚵仔汤、脆肠汤和虾、肉丸汤，汤品皆用大骨熬煮，未添加人工甘味剂。如今回想，那旅馆虽则简陋，可对面有如此迷人的焢肉饭，这小旅馆依然是值得打尖的所在。

彰化到处是焢肉饭，一般多中午才营业，而且似乎越晚越热闹；我总觉得"阿泉"清晨就供应焢肉饭，颇有社会责任感，值得吾人表扬。这味焢肉饭的创始者是谢万枝先生，他从1926年起挑担游走彰化，人们一听到阿枝师的叫卖声，纷纷拿碗出来等待。1973年才固定在现址开店。"阿泉"是阿枝师大儿子谢壬葵先生的别名，现在的掌门人是他弟弟谢安洲先生，第三代也已加入经营。

彰化县政府旁"阿章爌肉饭"亦我所迷恋，由于位处十字路口，当地人习惯称它青红灯下的焢肉饭。猪肉卤得那么好，卤猪脚之美自然不在话下，摊前大排长龙也就很正常。为了那块肉、为了那只脚在寒风中守候，似乎是深情者起码的表现。

阿章的汤品颇多，诸如酸菜鸭、脑髓、金针肉丝、鳊鱼白菜，尤以排骨汤最多，像苦瓜排骨、芋头排骨、蛤仔排骨、四物排骨，选项多，丰富了吃焢肉饭的变化。的确好吃，遗憾阿章供应的是晚餐和宵夜，实在不适合我这款肥仔。

"鱼市场爌肉饭"也是，它的肉香饱满，是许多在地人心目中的梦幻焢肉，米饭也煮得极讲究，颗粒分明又富于弹劲，这种饭才对得起种田人。然则我对鱼市场这摊焢肉饭又爱又恨：他们三更半夜才营业，分明歧视我这种习惯早睡的老头。三更半夜拥挤着人群排队候吃，热闹如庙会。彰化人到了半夜多这么饿吗？何以迷恋焢肉饭几近信仰？

　　焢肉饭是彰化的地标食物，说来神奇，台湾其他地方虽然也不乏有口碑的焢肉饭，却难以企及彰化的美味。

　　从前我供职于《中国时报》，承办的文学奖常在中华路的广告部大楼举行决审会议，开会前我总是先到汉口街吃一碗炖肉饭，再踅到峨嵋街吃阿宗面线。生命中愉悦的时候并不多，开会也多很无趣，如果再缺乏好食物好滋味，岂不悲情？"黄记老牌炖肉饭"创立于1948年，那饭之精华是铺于饭上的一大块卤猪肉，刚从热锅里捞上来，升腾的蒸气中透露着肉香，那块肉，经久卤呈深褐色，旁边是酸菜丝和一小片腌渍萝卜。

　　那块五花肉其实不能叫"炖"肉，而是"卤"肉。炖乃是由煮演变而来，技法是将材料置于密闭的器皿内，加多量水，以大火隔水煮滚，再转用中、小火持续恒温加热，是一种追求汤汁清醇、肉质酥软而不失形的烹调手段，如佛跳墙。然而名字叫什么不要紧，爽口才重要。那块肉会令人拼命扒饭，因此吃的时候千万别计较吃相，也先别顾虑减肥的问题。

阿泉爌肉饭

地址：彰化县彰化市成功路 216 号

电话：04—7281979

营业时间：07:00—13:30

阿章爌肉饭

地址：彰化县彰化市南郭路 1 段 263 号之 2
　　　（中山路 2 段口，彰化县政府旁）

电话：04—7271500

营业时间：17:30—03:30

鱼市场爌肉饭

地址：彰化县彰化市华山路、中正路口

营业时间：22:30 起，卖完为止（约 24:00）

黄记老牌炖肉饭

地址：台北市万华区汉口街 2 段 25 号

电话：02—23610089

营业时间：10:00—20:00

民也是到
臺灣人
的食堂
壬辰
喃呢
画

乌鱼子

台湾乌鱼
子在日本
享盛名每
年外销金
额颇巨
郑启之
钤

每年冬至前后十天，乌鱼群集洄游台湾西部沿海，乌鱼因而被称为"信鱼"，也是渔民心目中的"乌金"。乌鱼子是雌乌鱼的卵巢，乌鱼因子而贵，在拍卖市场，母乌价格两三倍于公乌。

我偏爱鹿港的乌鱼子。盖乌鱼群抵达鹿港、王功附近时，正值交配前最成熟阶段，母乌的卵巢与公乌的精巢都最饱满，谓"正头乌"，相当肥美。乌鱼群顺台湾沿岸南下到屏东南方外海产卵后折返，身体瘦弱且无鱼子在身，称为"回头乌"，瘦而味劣。鹿港民谚："要吃乌鱼不穿裤"，即使贫穷，也要当掉裤子买乌鱼吃，追求美味的气魄直追马来人的榴莲，马来人所谓"榴莲出，沙龙脱"，榴莲成熟时，再穷也得当掉衣裤两用的沙龙，换钱买榴莲吃。

坊间所售乌鱼子大别为三类。品质最佳的是野生海捕乌鱼子，带着美丽的橙红，对着光色泽如琥珀，味道有一种盈润感。其次是从美国、巴西进口的乌鱼子，多冷冻后再制作，其状偏狭长形，色泽倾向暗红偏褐，口感亦不如野生者。至于养殖乌鱼子，由于缺乏运动，油脂含量偏高，口感缺乏天然的海水咸味，有时会出现土膻气。

台湾制作乌鱼子的技术，源自日治时期日本渔夫的教导，其工序为去血、盐腌、脱盐、板压、整形、风干，其间犹需考量当时的气温和湿度。去血是先用水洗去血渍，再逼出血管里的血液，须消除尽净，否则成品会因残血氧化而变黑。

自母鱼腹中取下鱼子，切口处用棉绳绑紧，以防制作时散开。鹿港地区在取鱼子时会连着一块肉，防止乌鱼卵溢出，故不需绑绵绳，这已成为鹿港乌鱼子的标志。

鱼子取出后以盐腌约五十分钟，即洗去盐分，进行压形：将鱼子置于铺了白布的木板，上面压一块木板，层层叠放，同层的鱼子务必大小一致，以免受压不均而坏形。最上层以石块压实，日晒，风干，过程中还得经常翻转乌鱼子，令其日晒均匀。接下来是检视经过压实的乌鱼子，用肠膜修补有缺角破损处，再经过日晒、风干一至二天。日晒时需时刻擦拭乌鱼子表面，令其剔透有光泽。

鹿港占尽天时地利，其乌鱼子又较他方多了阳光味，它们都吸饱了阳光，"益源鱼子行"的选材、制程都颇为严谨，遵循传统工法制作，经过多次日晒、阴干，逐步加压而成。

台南"吉利号"创始于日治时期，标榜采用野生海捕乌鱼子，"遵循古法慢工精制"，"经过适度的反复日晒、阴干及逐步加压制成"，从三十公斤慢慢加压到一百二十公斤左右，吉利号的工序约需一周至十天，是古法制作的典型。

所谓遵古法制作，美学特征是慢，慢工细活地制作，闽南语说"照起工做"，绝不投机取巧。快速量产的东西多很乏味。

台北潮湿，不适合晒制乌鱼子，我常买的"伍中行"和"永久号"的乌鱼子都是委托南部代工工厂晒制。"伍中行"营业超过七十年，台湾光复初期，游弥坚就曾推介此店的乌鱼子给唐鲁孙。

"永久号"创立于1915年，原先叫"万福号"，乃简万福先生所创，到第三代简昭瑞接手才易名为永久号。标榜每片乌鱼子十三两，简老板总是告诉顾客："这是阮几十年的经验累积，多一两太湿，鱼子粘口，少一两又太干，没了油脂不好吃。"

我习惯用平底锅慢煎乌鱼子，有时加米酒，有时加绍兴酒，以变换口味。煎好了佐苹果片吃，如果手边没有苹果，则以白萝卜片或蒜苗取代。过年前曾启瑞、常玉慧伉俪设宴于三二行馆，吃到乌鱼子时，林孝义医师说当年他父亲用高粱酒泡乌鱼子，并点火烧炙，滋味曼妙。这位过敏免疫风湿科名医，追忆父亲烤制乌鱼子时的神情飞扬，令我年假期间每天在家泡制。烤多了，一时吃不完，就装在保鲜盒里，幺女双双和我边看电视边当零嘴吃。

张北和先生也用平底锅煎，煎时用牙签戳一些小洞，煎至干透，佐松子吃。我不认同这种做法，盖乌鱼子最美的口感仿佛羊脂，乌鱼子干既失腴润感，如迟暮美人，不免令人唏嘘。

优质的乌鱼子卵粒均匀，干湿、软硬适度，不会死咸，而是咸中带甘，那甘味在咀嚼间悄然透露出来。路人皆知此物乃下酒隽品，甚至烈如高粱酒，我们平常不易找到和它非常适配的食物，唯乌鱼子令它刚烈的性格变得柔顺服帖。我喝高粱酒、二锅头一类的白酒时，总希望有乌鱼子佐侑。

煎烤来吃是珍馐，送礼则给出一种珍贵感，台湾人和日本人最喜欢收到这种年节礼物。近年来，台湾的乌鱼捕获量锐减了90%，据说主要原因是大陆渔民在乌鱼洄游起点，以快速拖网、炸鱼方式赶尽杀绝。所幸台湾的养乌技术日益高明，养殖的乌鱼子已不似从前油腻，也渐渐少了腥味。

乌鱼子作为雌鱼的卵巢，自然是相当性感的食物。此外，乌鱼鳔（雄乌鱼的精巢）、乌鱼肫（乌鱼的胃囊）也都是饕家的珍馐。摄影家刘庆隆曾为《饮食》杂志拍摄乌鱼子，拍回来的照片竟仿佛生动的美人臀，其构图诱人遐思，真怀疑他脑海里隐藏着些什么。

乌鱼子又是一种多情的食物，那浓厚的香气总是缠绵在口腔，只要送进嘴里，仿佛就紧紧拥抱着牙齿，舍不得离去，那是味觉的飨宴，口腔的派对。

益源鱼子行

地址：彰化县芳苑乡芳汉路 1 段 226 巷 100 弄 9 号

电话：04—8990988

吉利号乌鱼子

地址：台南市安平区安平路 500 巷 12 号

电话：06—2289709

营业时间：10：00—20：30

永久号

地址：台北市大同区延平北路 2 段 36 巷 10 号

电话：02—25557581

营业时间：08：00—18：00

伍中行

地址：台北市中正区衡阳路 56 号

电话：02—23113772

营业时间：08：00—20：00

虾猴

虾猴又称虾蛄、蝼蛄虾，英文叫 Mud shrimp，可见生活的环境不是很舒适。它的甲壳软薄，头胸甲具短三角形额角，下缘有刺，尾柄呈方形；有六只脚和两只大前螯，身体呈半透明青绿色，挖洞而居，是挖掘地道高手，仿佛个性害羞而内向，平常生活在自己挖的洞穴中，所挖的洞穴深达半米，涨潮时爬出洞口觅食，退潮时躲在洞穴内休息。

这是鹿港的地标小吃，别的地方罕见。主要产地在线西、伸港的大肚溪口区域，生活于潮间带泥滩下。每年冬末春初产卵，所以这是最佳赏味期，因此渔民得冒着料峭的海风捕捉，相当辛苦。传统的捕捉方式很特别：将水管插入泥沙中，用马达将强劲水柱冲毁虾猴的洞穴，逼迫它们爬到泥滩上。一般的虾行动敏捷，善于跳跃，虾猴的游泳能力弱，行动又迟缓，手到擒来。

抱卵的母虾猴用盐卤制，公虾猴和产后的母虾猴则用油炸。这种食物亦源自清贫年代，线西地区沙质海岸每逢大退潮，潮间带宽达数百米，早年物质条件差，土地也贫瘠，妇女及老人往往在退潮时蹲在沙地上挖捕虾猴、赤嘴（国盛蛤），不仅可以贴补家用，也是重要的蛋白质来源，日久形成当地特产。

鹿港天后宫前中山路和民生路上，有多家店卖虾猴，如"臻巧味"、"阿南师民俗小吃"，卖的大多是虾猴酥，以及一口蟹、螳螂虾、溪虾等等，摆在店门前，颇为壮观。店家又将上述油炸海产合并一盘，这种综合酥炸海产，彼此的口感固然存在着些微差异，却又差不多，厚重的胡椒盐已统驭了一切海味。

油炸虾猴炸两次才香脆，店家都先油炸一次，摆在门前招徕，顾客点食才二次油炸。我则偏爱盐卤虾猴，尤其欣赏"黄月亮"虾猴专卖摊，摊名即经营者的姓名。唯有抱卵的母虾猴堪作盐卤虾猴，此物相当咸，非常下饭、下酒，鹿港俗语："一只虾猴三碗糜"，意思是一只虾猴可以配三碗粥。虽则很咸，却是一种特殊的咸，咸后回甘。

我曾经在黄月亮家里看她腌渍虾猴，采用盐卤工序，并不繁复，却需要耐心。首先要清洗虾猴：虾猴泡在清水中瞬即污浊，须勤于更换清水，一遍又一遍地涤除虾猴身上的泥沙，直到水清澈。烧一锅水，鼓猛火，加入调过味的粗盐，滚沸时倾入刚泡好澡的虾猴，闭紧锅盖。不久白烟团团冒起，飘散一股虾腥，浓厚的海洋气息。大约过了五分钟，那气味逐渐变化，海腥味淡了，消失了，代之而升的是一种甲壳类蒸煮后的气味，由淡渐浓，渐渐清楚的是诱人馋涎的香气，熄火。

捞起虾猴后的卤汁谓之新露，若和旧露一起盐卤，其滋味当出现更丰富的层次。

黄月亮承袭了父母的好手艺，又研发出许多副产品，诸如虾猴 XO 酱、虾猴酒等等十几种，我爱吃她做的虾猴 XO 酱：抱卵的母虾猴去头尾，加入樱花虾、虾仁拌炒而成。有时煮好面条，拌一点进去，再搁些葱花，强烈地立即召唤饥饿感。

我吃渍虾猴，为免太咸，多除去鬃脚头壳，卵香与肉鲜遂更清楚、更完美地表现出来。

十几年前，李昂曾赠我一罐渍虾猴，那时候的虾猴犹个头硕大，虾卵油黄，饱满而结实，咀嚼间满嘴都是卵香和鲜香。这种美味很适合下酒，那一小罐虾猴引我饮了好几瓶高粱酒，吃的时候好像都带着一种心情。清代江浴礼的《江城子·咏虾》下阕唱道："夕阳红上酒边楼，酒新笃，小勾留，一笑登盘，巧配内黄侯。任须发张似戟，难洗尽，折腰羞。"在江边酒楼吃虾，饮新酿的酒，夕阳西下，谁都会有心情。

成天躲在地道里，靠着涨潮带来的浮游生物生存下去，虾猴的命运和环境，令人联想安部公房的中篇小说《砂丘之女》，被迫生活在暗无天日的沙洞里，即使有一天离开，终究又选择回到沙洞。仿佛寓言。

虾猴是正宗的鹿港地标小吃，现今游客来到鹿港多不免一尝为快。然而，大量而密集地捕捉，加上环境丕变，现在的虾猴产量锐减，也越来越小只，个个貌似发育不良，不免兴竭泽而渔之叹。如果保护措施不能诉诸消费者的警觉，必须公权力有作为地介入，规范捕捉方式，令虾猴能休养生息，我们才能重返美味的年代。

黄月亮
地址：彰化县鹿港镇中山路 435 号
电话：04-7777193，0937-777193
营业时间：09:30-18:30

臻巧味
地址：彰化县鹿港镇中山路 410 号
电话：04-7769449
营业时间：09:30-17:00

阿南师民俗小吃
地址：彰化县鹿港镇中山路 401 号
电话：04-7745448
营业时间：周一至周五 10:00-18:00，
　　　　　周六至周日 9:00-21:00

五味章鱼

五味章鱼是一道凉菜。章鱼用盐抓洗，以除粘液，并摘去内脏和眼睛。章鱼的眼睛有墨汁，须划开挤出，冲洗干净，以免成菜被墨汁染黑。此外，章鱼的嘴和牙有沙子，也应挤出洗净。接着在放了葱、姜、酒的滚水中烫熟，捞起，放入冰开水里冰镇后，蘸五味酱吃。台湾一般海产店皆供应此味。

澎湖人处理章鱼很特别：捕捞上岸后，趁新鲜时以木槌敲打章鱼，边翻边打，令粘液流出吸盘；再加以揉搓，洗去粘液。任何海产都讲究新鲜，新鲜又处理得宜是基本动作，见真章的功夫在调制五味酱。

各家调制的五味酱大同小异，主要材料是糖、醋、番茄酱、酱油，调匀后加入香油。为增进口感，通常还会添加大蒜末、姜末、葱花、辣椒碎、香菜碎，这些辛香料爆香后更佳。醋以陈醋较好，也可以用一点柠檬汁丰富层次。五味酱除了辅佐章鱼之鲜味，更同时呈现甜、酸、咸、香、辣滋味。每一种滋味都另有层次，如糖的甜和酱油的咸中带甘不同，醋、番茄酱、柠檬汁的酸味也迥异。调料之增减存乎一心，每一家餐馆每一位厨师都有自己的调制配方。我向来对番茄酱不甚了了，没想到五味酱赋予了它一种价值感。

章鱼的烹法多样，炒、炸、涮、煮、烤、焗，皆无不可，氽烫后蘸五味酱是台湾人独创的吃法。五味酱在台湾，亦普遍使用于其他氽烫的海鲜如虾、蟹、墨鱼。

氽烫虽则简单，也不能草率。章鱼焯至蜷曲变白色即速捞起，焯久肉质会变老，咬起来如同嚼橡皮筋。滚水中加一点茶叶，据说可防止章鱼肉老化僵硬。这是很简单的菜肴，可先行备妥，快速上菜，长期以来一直是台湾"办桌"的菜色。五味章鱼提醒我们，虽然生活简单，心灵却可以非常富足，快乐。

章鱼和墨鱼的口感接近，切片上桌后不易分辨。章鱼又称八爪鱼，属于八腕目，每只触爪上有许多圆孔吸盘。选购时要挑皮肤光滑呈半透明、眼睛明亮澄澈者才新鲜。墨鱼又称乌贼、花枝，与鱿鱼同属十腕目，其躯干上半部圆胖，肉厚，下半部稍微收尖。

氽烫过的章鱼口味甚淡，用五味酱来辅佐。五味互相碰撞，又依个人口味强调某味。那酱的滋味是繁复的，深刻的，里面有许多细节，如同五种母音：甜的热情，酸的失落感，咸的劳苦感，辣的叛逆和疯狂，交织起各种香味和颜色，达到通感的境界。

单一味觉总不免贫困。酸和甜互相阐扬，甜和咸彼此修饰，辣又和辛联袂出现，一起丰富了蘸酱的表情，最后是香味的参与，共同交响出五味杂陈的味道。

舌面对各种味觉的感受力不同。王莽说，"盐者，百肴之将"，一般而言，咸味真像将领，所有区位都能领受。舌尖最擅辨识甜味，两侧对酸味最敏感，中间则负责鲜味和涩味，苦味则属舌根的管辖。当吾人的味觉渐渐昏钝了，五味酱同时招呼了味蕾的每一区位，同时提醒了我们的感知系统。

生命中不也五味杂陈？如含泪的微笑。生活中有了丰富的滋味，才能透析生命的本质，才实实在在有了立足点。欢乐总是伴随着痛苦，繁华的背后往往是寂寞。如果人生没有过懊悔、快乐、伤心、幸福和痛苦的交织，如同爱情没有眼泪的灌溉，是多么乏味啊。

情绪不好时我总想去海边散心，有一年我独自驱车来到北海岸，长立海滨，凝视辽阔的海洋，心潮澎湃，渐渐才觉得许多事不必计较。黄昏时来到一家海鲜餐厅，吃白鲳米粉、五味章鱼，我好像永远记得那味道。

海鲜卷

手工绘製颜色鱼碗陈是台灣鶯歌窑厂出品那是這道日鱿的時代了 毛居 敏

台湾与海洋的关系非常亲密，东岸有黑潮主流经过，乃南北洄游鱼类的通道；台湾海峡是平坦广阔的大陆架，乃许多底栖性鱼类觅食、产卵、栖息的好所在。考古发现，新石器时代台湾人即懂得使用兽骨、贝壳、石块制造渔具，从事垂钓网罟，并已习惯食用海产。食材多海产，自古形成台湾味道的主结构。

海鲜卷是众多海产料理之一，各家海鲜卷选材不同，主料大抵为花枝、虾、蟹、猪肉、鱼之属，多切细或打成浆作为内馅。辅料则以韭菜、高丽菜、香菜、胡萝卜、芹菜、荸荠和姜屑较常见，这些主、辅料都尽量往细里切。通常主料只选择一两种以凸显角色，不宜多，多则乱味。主料中显然以虾最为强势，独立成为虾卷，已发展出许多专卖店，小吃摊、海产店、台菜馆和港式茶餐厅多吃得到。

不过此物毕竟只是小吃，较具规模的餐馆并不以此为号召，如连续三届获《饮食》杂志三星推荐的"明福餐厅"，其虾卷胜过任何虾卷专卖店。台北市"新东南海鲜料理"的虾卷也不错，可他们都不主打虾卷。

海鲜卷是肉卷的变奏，日治时期，日人开发渔港，海产更容易取得，开启了海产加入肉卷的办法，其形式多捏制成十几厘米的条状，裹面衣油炸。内馅的调味大抵用盐、糖、胡椒粉。

市面上最多的吃法是蘸番茄酱、芥末、美乃滋，或店家自调的酱汁。其实只要调味准确，何劳酱料？我素不喜用番茄酱、美乃滋这类的东西来干扰食物，我有非常固执的偏见：任何鲜美的食物，遭遇这种千篇一律的酱料，如美人遭毁容，令人万念俱灰。

海鲜卷的外皮也多元发展，有人裹面包粉，有人用豆腐皮，有人用春卷皮，像淡水"阿香虾卷"就选用大馄饨皮，油炸后酥中带脆，内馅结合了鲜虾和猪后腿肉。我和幺女在淡水街上晃荡时，总是买两份六个，边走边吃，吃到嘴角流油。

台南"周氏虾卷"轰传江湖久矣，此店是周进根于1965年在安平创立，周先生是"办桌"总铺师，深谙海产最重要的精神是新鲜，坚持严选鲜美的虾仁来建立品牌，近五十年来规模日益扩大，产品种类日多，诸如佛跳墙、白北角羹、虱目鱼、担仔面、杏仁豆腐皆在菜单中，也兼卖XO酱和香肠。我们去安平古堡，若错过品尝虾卷，不免遗憾。

美丽往往藏在细节中，台南"府城黄家虾卷"选用火烧虾做内馅，口感独特。其外皮先用网油包覆，再裹自家特调的粉浆油炸。此外，考虑到油炸物热气及水汽甚重，若以纸盒密封外带，会严重影响品质，还体贴地使用粽叶包装。

台中清新温泉度假饭店中餐厅的"明虾腐皮卷"则选用豆腐皮包裹，选用明虾做虾卷，完全超过我们对虾卷的期待和认识，原来虾卷可以用这么新鲜高档的明虾，外皮香酥又丝毫不显得僵硬，内馅鲜甜而弹牙，虾肉完整。

越南料理也有海鲜卷，不过做法和滋味都迥异于台湾。没有油炸的工序，除了虾，越式海鲜卷另用熟鸡丝、熟米粉、生菜和香草，外面用一层米纸裹起来，蘸酱汁吃。

获《饮食》杂志三星推荐的清水"福宴国际创意美食"，其虾卷表层用春卷皮，形状特别细长，搭配生菜吃，充满泰国风味。台中市"台中担仔面"的虾卷则先将芝麻酱掺在虾浆里，包裹虾浆的酥炸粉则是精心自调，炸妥之后再用渍嫩姜和生菜叶包起来吃。

值得欣喜的是，现在有些优质的海鲜卷可冷冻宅配。海鲜卷的美学特征是表皮酥脆，色泽金黄，内馅鲜甜多汁。欲臻此境，首在材料的鲜度和饱足，切莫小气。

高雄市"红毛港海鲜餐厅"的海鲜卷以豆皮包裹饱足的花枝和韭菜，酥脆多汁，餐厅创办人洪美花女士来自红毛港的讨海人家，对海产的敏锐和专业，几乎是与生俱来的能力，人称洪姐。"讨海"是非常有魅人的动词，表现坚毅的意志，以及艰辛的生活方式，向海洋讨粮。

红毛港最早是一个小渔村，现属高雄市小港区，村落居民世代捕鱼为生，清代为有名的渔堰，如今已浚为港湾。后来高雄港扩建第二号码头，遂集体迁村。红毛港之地名自然跟荷兰人有关：昔日荷兰人的船只曾碇泊于此。我大哥叶振辉精研打狗历史，他在《高雄市社会发展史》一书中说，三百年前这里原是一条海沟，可供舢舨出入，后来泥沙淤积，形成潟湖，红毛港遂与中洲、旗后连成旗津半岛。

我在高雄居住二十年，旗津海岸有许多暗漩涡，我的儿童时期常泡在那禁止游泳的海域，曾经被贝类割伤脚，也曾经差点溺毙。青少年时代，更常常搭渡轮去旗津，夜晚的海风呼呼叫，那片沙滩仿佛是集体恋爱的所在，在我爱情的新石器时代，也曾经带初恋女友来月光海滩散步，也共同吃过"旗后活海鲜"、"文进活海鲜"，至今忆起仍回味无穷。

台菜在海产方面犹有许多空间待开发，应该善用海资源，戮力追求餐饮的海洋文化。我欣赏洪姐以出身红毛港为傲，那消失的渔村代表对海产的内行和坚持，他们提供来自海洋的滋味。

红毛港海鲜餐厅

地址：高雄市苓雅区三多三路 214 号
（林森路口）
电话：07-3353606
营业时间：11:30-14:00，17:30-21:00

周氏虾卷

地址：台南市安平区安平路 408 号 -1
电话：06-2801304
营业时间：10:00-22:00

府城黄家虾卷

地址：台南市安平区西和路 268 号
电话：06-3506209
营业时间：14:30-20:30

台中担仔面

地址：台中市西屯区华美西街 2 段 215 号
电话：04-23123288
营业时间：10:00-22:00

阿香虾卷

地址：新北市淡水区中正路 230 号
电话：02-26233042
营业时间：11:00-24:00

竹筒饭

竹筒饭是将米装在竹筒内烹熟的米食，做法是：取新鲜青竹，每节锯开一端；浸泡糯米三小时，添加调味料，拌匀，填进一端开口的竹筒内约八分满，再注水至九分满，密封开口端，煮熟。另有烧烤法：青竹如前述锯开，洗净，浸泡竹筒半天。筒内填入约三分之一调过味的米，加水如前。密封竹筒，平放在炭火上翻转烘烤至熟。

各地竹筒饭做法不同，台湾原住民所制有煮有烤，海南黎族都用火烤，其竹筒饭有肉饭、豆饭、盐巴饭，皆以山兰稻之香米为原料，烧烤时以香蕉叶封口，将青竹烤至焦黄。

竹筒须选用新鲜青竹，常见的是孟宗竹、桂竹和麻竹，节距以较长者为佳。竹筒之封口则多用铝箔纸、干净湿布条、新鲜香蕉叶。台中"竹之乡"的竹筒采用竹子底部的竹头，相对特殊。

竹筒烹饭味道好，又非常环保，用过的竹筒还可以当燃料。竹筒之为用大矣，装米炊饭，也可以烹菜。鹿谷"天鹅湖茶花园"、"丰阁民宿餐厅"经营竹筒全餐，除了炭烤竹筒饭，还有各色竹筒菜，如竹筒香菇鸡、丸子、红枣山药、菇、笋、南瓜等等，并附赠竹碗，另点燃竹筒炮娱宾。又如傣族、哈尼族、景颇族用竹筒制茶菜：将茶叶填塞进竹筒内，桩实，先令多余茶水淌出，再以灰泥封口，使其发酵，待两三个月茶叶变黄后取出晾干，加香油腌渍调味，当作菜肴食用。

台湾的竹筒饭源自原住民的庆典活动，勇士狩猎、出征总是少不了它，不仅是台湾原住民的主食，亦是傣族、哈尼族、布朗族、基诺族、拉祜族、黎族常吃的米食。由于竹筒内有一层薄膜，烹熟后，竹膜会脱落，包覆筒内的米饭，吃起来竹香扑鼻。

有人在竹筒内添加肉、香菇、鱼等，当然这些材料都必须剁得细碎，才无碍口感。不过，竹筒之为物不仅是装饭的容器，竹筒饭的美学内涵是饭香中表现竹香，取其竹子的清香渗入米饭中，以清淡为尚，佐料不宜多，米饭也不宜过度爆香调味，以免遮掩了轻淡的竹香。有人在米中加进卤肉、腊味、熏味，实不足为训。

马来人的竹筒饭（Lemang）也常作为馈赠佳礼，他们制Lemang与我们颇为不同，除了用椰奶取代清水外，在填米入粗大的竹筒前，会先在竹内垫一圈香蕉叶，其实已隔绝了竹香。我曾经旅行马来西亚 Port Dickson，走出建于海上的 Avilion Resort 酒店，来到斋戒月市集，有好几个食摊正烘烤着竹筒饭，人群聚集在不断升腾的炊烟前，广场上流动着强烈的饥饿氛围。

竹筒饭多于山区野外制作，也可于风景区。乌来老街、溪头，到处在卖竹筒饭。和其他食物一样，竹筒饭也不免随着时代改变，台东"鹿鸣温泉酒店"就改变传统，加入地方农特产如香椿、福禄绿茶、鹿野土鸡肉，焖烧，令米香融和竹香和茶香，有一种健康保健的暗示。此外，食品加工业也大量生产，我们在量贩大卖场随时可以买得到。

竹筒饭召唤着原住民胃肠的乡愁和记忆，也连接着汉人的野炊记忆，如果在邹族所在的阿里山区吃竹筒饭，蘸一点用阿里山特产的新鲜山葵研磨的芥末酱油，风味更迷人。阿里山出产的山葵长相俊秀，我逛东京筑地市场时，看摊商标榜所卖的台湾山葵，价钱、风味、外观都非日本土产能望其项背。

我曾独自爬山，在乌来一处瀑布下野餐，山明水秀，印象甚好。后来带家人再去，吃竹筒饭，升火煮咖啡、泡茶。瀑布依旧在，只是已经满地垃圾，吸引来不少苍蝇。我好像挨了一记闷棍，忽然觉得无处悠游于天地间。

鹿鸣温泉酒店

地址：台东县鹿野乡中华路 1 段 200 号

电话：089—550888

竹之乡

地址：台中市北屯区东山路 2 段 1 号

电话：04—22394321

营业时间：11:00—20:00

天鹅湖茶花园

地址：南投县鹿谷乡和雅村爱乡路 97—6 号

电话：049—2751397

营业时间：08:00—22:00

丰阁民宿餐厅

地址：南投县鹿谷乡竹林村爱乡路 101—10 号

电话：049—2676368

大肠包小肠

台湾早期的酱园，油强调纯豆麦酿造玻璃瓶包装銀

大肠包小肠是台湾发展出来的独特小吃：糯米肠、香肠分别炭烤，再切开体积较大的糯米肠，夹入香肠，形式有点像美式热狗。两种东西都先分别制作，事先蒸煮熟的糯米肠和香肠一起炭烤，供应速度快，很适合发展成中式速食。

蒸过再烤的糯米肠，切开，夹入也是刚烤好的台式香肠和蒜片，像紧紧相拥的恋人。

灌米肠之前，糯米先浸水两小时，然后用爆香过的红葱头，加入糯米、胡椒粉、盐调味，一起拌炒。肠衣须用猪大肠，仔细清洗掉粘液、去油脂，再灌入炒好放凉的糯米。糯米肠先蒸煮备用，再烤热；利用猪大肠的脂香和弹劲，丰富糯米饭之口感。

此物营业门槛低，一辆摊车即可做生意。全台夜市皆不乏大肠包小肠，诸如逢甲夜市"官芝霖"、"百膳工坊"、"味珍香"，清大夜市"小洞天"，台大公馆商圈"太学口"……逛夜市或庙会，常见人手一组，当街大啖。可惜大部分商家多用合成肠衣制作糯米肠，令人泄气。人工合成肠衣用植物胶、牛皮提炼，口感差，成本低，吃一口就意志消沉。

我对米肠最基本的要求是肠衣须采用天然新鲜的猪大肠，如六脚乡蒜头市场那老摊，其糯米用花生、肉臊炒过，包覆在脂香中等待，以五香、肉桂调味的香肠，和自腌生姜片，十分美妙。北斗"台湾宝"的大肠包小肠很美，那香肠里绝大部分是瘦肉，糯米肠亦用心制作。淡水"半坪屋糯米肠"虽无香肠，所制糯米肠却相当精彩，外带一份，边吃边眺望观音山和淡水出海口，令人感动得想唱歌。

香肠中我尤钟爱台式口味。用猪后腿肉切丁，以盐、糖、胡椒粉、肉桂乃至高粱酒调味灌制，风味绝佳。高明的烤香肠除了美味，咬下去还能喷肉汁；呆子才会把香肠烤得干涩。

德国香肠虽则名气大，却难获吾心；我不敢想象吃德国香肠若缺少了芥末酱、酸菜，如何是好？提姆（Uwe Timm）为德国香肠写了一部长篇小说，台湾小说家似乎还欠台式香肠一个交待。

有人卖大肠包香肠，自作聪明地在大肠里加入酸菜、泡菜、腌姜片、葱花、萝卜干、小黄瓜丝、花生粉、芫荽，弄得大肠鼓胀，香肠根本无容身之地，咬一口，那些添加物就掉落满地。那些添加物的味道彼此扞格，完全干扰了大肠和香肠的本味。何况，若天气稍暖，酸菜和小黄瓜很容易腐败。

尤有甚者，将糯米肠、香肠剪段，加入各种配菜，形式已荡然无存，又淋上酱汁，如甜辣酱、黑胡椒酱、泰式辣酱、芥末酱、咖喱酱。无论大肠或小肠，口味都已不轻，何必多此一淋？搞得糯米肠、香肠很神经质的样子。最要紧的是大肠、香肠的合奏，最多加一点酱油膏和大蒜，实不宜乱加卖弄。

世人多以数大量多为美，其实这是一种滑稽的审美观。这关系到食物结构，好比文章，过度修辞徒显造作。李渔在《闲情偶寄》中揭橥主脑之说："作文一篇，定有一篇之主脑，主脑非他，即作者立言之本意也。传奇亦然，一本戏中，有无数人名，究竟俱属陪宾，原其初心，止为一人而设；即此一人之身，自始至终，离合悲欢，中具无限情由，无穷关目，究竟俱属衍文，原其初心，又止为一事而设。此一人一事，即作传奇之主脑也。"懂装扮的人不会把历代祖先的首饰全挂在身上，懂化妆的人也不会把脸涂抹得像要登台唱大戏。大肠包小肠胡乱添加各种配料，如同是没头没脑。

这种小吃可以坐下来慢慢品尝，也不妨边走边吃。我很喜欢可以边走边吃的东西，只要不在意吃相。莫在意别人不屑的眼光，总是带着快意江湖的豪爽感。

　　大肠包小肠可能发源于南部，台北较晚才见到。我的大肠包小肠在高雄市启蒙，总觉得南部的比北部好吃，像高雄市重庆街269号骑楼前那摊糯米肠就颇有滋味。高雄医学院附近、保安宫前"新大港"亦采用新鲜猪大肠制作，摊前聚集了许多食客的摩托车，串串香肠垂挂在竹竿上，摊上那两座巨型抽油烟机仍无法阻止阵阵的烧烤白烟，仿佛呼应着庙口袅袅的炉烟，商家个个戴着斗笠、口罩、袖套，不断翻烤，应付总是排队的人群。

　　吃大肠包小肠最理想的地点是在大自然中，公园也不错。我求学的三民国中和高雄医学院隔了一条水沟，当时庙口那摊大肠包小肠尚未出现。在懵懂的少年时代，似乎很苦闷又不明白苦闷为何，很孤独却仍不喜欢孤独；每天看隔壁的大学生男男女女在校园里散步徜徉，觉得读大学等于是在公园里谈恋爱，遂立志要上大学。

新大港

地址：高雄市三民区十全一路、孝顺街口（保安宫前）
电话：07-3222711
营业时间：14:00-19:30

蒜头市场大肠包香肠

地址：嘉义县六脚乡蒜头村188号

台湾宝

地址：彰化县北斗镇宫后街14号
　　　（中华电信斜对面，近中华路）
电话：04-8877307
营业时间：11:00-21:00，周一休息

烧
肉
粽

中学时，每天深夜都有一个阿伯骑单车穿梭街巷叫卖粽子，那声音特别容易召唤饥饿感，陪伴着我几年的夜读时光。后来，我家对面的九如路上开了一间粽子专卖店，以郭金发为招牌（好像就是他开设的），店里不停地播放他唱红的《烧肉粽》："自悲自叹歹命人，父母本来真疼痛，乎阮读书几落冬，出业头路无半项，暂时来卖烧肉粽……"歌调低沉悲郁，诉说着生活的艰困，也自我勉励。

我读大学时，有一位哲学研究所的好朋友阿木爱唱这首歌，每次都皱紧眉头唱给大家听，我常戏呼他"苦命哲学家"。失去联系多年，苦命哲学家现今在何处？

粽子源于祭祀，称为"角黍"，用黍包裹成牛角状，以象征牲礼为牛，古籍记载起源有多种：祭屈原，祭天神，祭獬豸（先秦楚人崇拜的一种独鱼神兽），祭祖，祭鬼，祭龙。其中以祭祀神灵、祖先较为可信。目前流行的祭屈原说，源自吴均《续齐谐记》：

> 屈原以五月五日投汨罗而死，楚人哀之，每至此日以竹筒贮米投水祭之。汉建武中，长沙欧回白日忽见一士人自称三闾大夫，谓回曰：君常见祭，甚善。但常所遗苦为蛟龙所窃。仍若有惠，可以楝树叶塞其上，以五彩丝缚之。此二物蛟龙所惮也。回依其言。世人五日做粽并带五色丝及楝叶，皆汨罗遗风也。

一粒粽子，包藏了世世代代华人的血盟记忆和文化想象。我不敢想：如果没有粽子，还剩下多少人知道屈原？诗与粽子的关联如此紧密，诗人节改成粽子节料想不太会有人反对。

唐宋时，粽子的外形有菱粽、锤粽、锥粽、百索粽、益智粽、九子粽。如今这些粽子的裹法多已失传，只剩下三角形、包袱形、驼形几种。

台湾人包粽子通常使用两片粽叶，叶片重叠，在手掌中凹成漏斗状，放进米和馅料，整平，严密裹起粽叶，再整平，绑绳子，缠绕粽绳的松紧度系乎经验和巧手。水煮粽子时需预留膨胀的空间，因此绳子不能绑太紧，也不能太松，像初恋时握着对方的手，柔软而坚定。

糯米吸收了粽叶的清香，散发令人难以抗拒的魅力。一般粽叶采用青绿色的麻竹叶，或黄褐色的桂竹笋壳鞘；南粽多采用前者，北粽则习惯用后者。无论使用何种粽叶，粽叶使用前须先煮过，再清理干净。

台湾的粽子可粗分为南北两派，南部粽包好生米和馅料入锅水煮，北部粽则先炒好米再蒸熟。南粽以台南为尊，北粽以客家庄为代表。公馆"蓝家割包"的肉粽，综合了南北特色，南米北炒，其实胜过其招牌割包，我尤其欣赏他们的粽子不淋蘸酱。

粽子是完整而自足的味觉个体，实在不需依赖蘸酱，我吃粽子素不喜蘸酱油露，尤其厌恶甜辣酱，再可口的粽子只要蘸上甜辣酱就令我反胃。

唐鲁孙曾追忆台南"吉仔肉粽"，誉为台湾小吃中的隽品，我不曾经验，恐怕此粽已不复存在。食粽数十年，我犹原偏爱台南粽。湖州粽讲究又松又烂，素非我喜爱。

现在南部粽的基本元素不外乎猪肉、香菇、花生、咸蛋黄，如台南"阿伯肉粽"选用长糯米，先浸泡，包之前再用卤肉汁拌炒。阿伯肉粽原先在旧体育馆旁边摆摊，招牌上注明"体育馆阿伯肉粽"，体育馆拆迁后，先移至友爱街、永福路口，再搬到现址，已经营超过半世纪。

我还是中学生时，即耳闻"再发号"声名，曾专程搭火车到台南吃肉粽。"再发号"亦选用长糯米，却不浸泡，已经营一百三十几年了，可谓台湾最响亮的肉粽招牌。台南肉粽本来就硕大，再发号研发的"海鲜八宝肉粽"每粒重达十四两，很适合我这种饭桶。其馅料包括干贝、虾米、香菇、栗子、鳊鱼酥、肉臊、咸鸭蛋黄、瘦肉，内层裹以煮过的旧粽叶，使粽叶不粘糯米，外层则以两张生桂竹叶封锁香味。再发号距台湾文学馆很近，不知李瑞腾去当馆长后是否常去品尝？

在台北，我常去买粽子吃的地方是八德路的"王记"和复兴南路的"古厝"，两者都属南部粽，"古厝"肉粽的内馅即是标准南部做法：一大块瘦肉和香菇、咸蛋黄，优点是米饭软中略带弹劲，坐在店里吃粽，搭配一碗竹笋排骨汤（夏天）、萝卜排骨汤（冬天），或虱目鱼丸汤都颇有意思。此外，该店的"盐水意面"、"盐水米糕"和"台南碗粿"都有不俗的表现。

"王记"是南部粽在台北发扬的典型，已有多家分店。其糯米煮得软绵，馅料更多：一块五花肉，一朵香菇，一粒栗子，以及蛋黄、花生、虾米。其蘸酱晶莹，略显透明感。我喜欢店家无限量供应的花生粉，有时吃菜粽，加一点蒜泥和店家特调的辣油，再撒上一层厚厚的花生粉，吃一碗大骨熬煮的萝卜鱼丸汤，痛快淋漓。每年端午，"二鱼文化"总是采买王记的肉粽送同事应景，佳节吃粽，常怀念离职的同事像巫维珍、郑雅文、庄凯婷……祝福她们事事顺遂。

粽子之味以米饭挂帅，蒸煮的火候存乎经验，品质差的往往外表煮烂了，里面还有未全熟的米粒。此外，有人常大量添加馅料，搞得米饭沦为点缀，实不足为训。吾人皆知奢华不等于美，粽子的性格朴素，拼尽全力把想得到的山珍海味往里面塞，实在很三八。

北部客家庄的粽子就很素朴，基本元素包括萝卜干、红葱头、绞肉和虾米，常见的客家粽除了咸粽，另有板粽和碱粽。板粽使用圆糯米和蓬莱米制成板浆，包的时候粽叶上须抹上沙拉油。碱粽则蘸蜂蜜或果糖吃。这跟北京人家吃甜粽相似：吃粽永远蘸白糖或糖稀，他们觉得粽子吃咸的简直不可思议。

三义"九鼎轩"的客家粽几乎和我岳母所制完全一致。在高速公路经过三义，有时会下交流道进去买。九鼎轩开设于1918年，原先是三义第一家木雕店，现在的老板吴裕民引进复合式经营概念，除了自己从事雕刻创作，兼卖客家米食。依我看，吴太太主持客家米食的名气远胜于木雕艺品。

这家店的艾草粿也很有吃头，有一次我买了一些回家，老婆咬了一口，还没吞进去就说："我娘做的好吃多了"。岳母所制艾草粿诚属佳构，人家九鼎轩的也不差，也是照规矩用艾草制作，非世俗以艾草粉取代。我老婆虽然孝心可嘉，却不能抹杀人家九鼎轩的作品。

我的食粽史连接着芒果，吃完粽子常会升起一股吃土芒果的欲望。台湾的烧肉粽之所以特别迷人，部分原因是连接着土芒果，天下无双的芒果滋味。

我大姨、三姨擅长包粽子，阿姨很疼我，每年端午节，她们总会包粽子给我吃，数十年如一日，即使我已经是半百老翁了，依然每年吃她们亲手包的肉粽。大姨和三姨的肉粽口味几乎完全相同，馅料就是五花肉、香菇、花生、咸蛋黄，在我心目中，她们包的粽子天下第一。

再发号肉粽店
地址：台南市中西区民权路 2 段 71 号
电话：06-2223577
营业时间：09:00-20:30

阿伯肉粽
地址：台南市中西区友爱街 91 号
电话：06-2265307
营业时间：09:00-20:00

王记府城肉粽
地址：台北市松山区八德路 2 段 374 号
电话：02-27754032
营业时间：10:00-03:00

古厝肉粽
地址：台北市大安区复兴南路 2 段 17 号
电话：02-27041915
营业时间：11:30-22:00

碗
粿

碗粿的滋味
芝麻深
古早味的
童年
记忆

壬辰
九月春
華瑗
居室雅

碗粿是流行于台湾的米食小吃，制作时先用在来米（籼米）磨成浆，拌匀米浆呈厚糊状，或稀或稠，糊化程度决定了口感。米浆必须搅匀，以免成品软硬不均。接着，将炒过的馅料放在碗里，注入米浆，进蒸笼炊15—20分钟左右即熟，食用前淋上米酱膏。

判断碗粿炊熟与否，可观察中央表面，若略呈内凹状者，才是成熟，也才不会显得糊烂。常见的馅料包括卤蛋或白煮蛋、香菇、猪肉块、虾米、虾仁、萝卜干、咸蛋黄、猪肝。先煸炒萝卜干，再爆香红葱头，续炒肉片、香菇，加入酱油、糖、白胡椒粉、米酒调味。

淋在碗粿上的米酱膏，各家不同，大抵多用酱油膏调制，再添加蒜泥或辣酱。西螺"琴连碗粿城"的独门米酱膏，则用糯米、蓬莱米、豆腐乳炒制调成。

台湾人吃碗粿多不约而同地先用叉子或竹签在表面上划十字或米字形，再插进碗和粿之间划一圈，以令米酱流入，也方便食用。

好吃的碗粿首先表现出米香，软嫩中暗藏弹劲，这要用一年以上的旧籼米制作米浆，准确掌握水、米的比例。旧籼米的收水性强，口感扎实富弹性，像台南"富盛号"、"小南"，麻豆"裕益碗粿王"，莫非如此。也有人用糙米制作，如台南"蔡家"。"琴连碗粿城"甚至选用存放两三年的籼米，当天研磨成浆当天炊制。

大凡美味都不会忽略细节，好吃的碗粿从选米、研磨、馅料、调味到炊蒸，每一步骤皆讲究，如此才能表现碗粿美学：香郁，柔软而糯弹，滑嫩，绵密，米香饱满。

台湾的碗粿南北不同，北部碗粿外观皎白，南部碗粿在制作之初，米浆添入肉臊和酱汁，呈现明显的暗沉酱色。南粿以台南为尊，台南碗粿总不乏大块瘦肉、咸蛋黄、虾仁、油葱，食用前再浇淋上米酱和肉臊，诸如麻豆"裕益"、"阿兰"、"金龙"、"助仔"，以及台南市府前路"小南"、小城隍庙旁"郑记"和夏林路"小西脚"都是老品牌。小南与郑记系出同源，兄弟分家，亲情分开了，味道却不容易分开。

碗粿是道地的台南滋味，很多店家就打着台南招牌，如台北市宁夏夜市口"郑记台南碗粿、虱目鱼羹"，龙山寺附近也有一家"台南郑记碗粿"，其实都非"小南郑记"的分身。台南郑记碗粿在台北并无分店。

台北碗粿我最欣赏永乐市场口"通伯台南碗粿"，往往是中午从学校驾车回家，飞驰在高速公路上，脑海里浮现碗粿那迷人的身影，遂绕到那里午餐。通伯亦选用存放三年的老籼米磨制米浆，成品弹牙可口，入嘴时唇齿间跳动着米香。独自走进人影晃动的店里，碗粿快速端出来又消失，常常想念一起吃的人。

彰化市"杉行碗粿"创立于1972年，起初是流动摊贩，郭清标、杨碧缎夫妇各推一辆手推车，兜售于大街小巷。是成功路、长寿街口的郑姓木材行老板看他们每天经过店外，觉得他们做生意老实又辛苦，遂主动邀请他们在店前摆摊，不收分文租金。郭氏夫妇为了感恩，遂定制两块木板招牌，叫"杉行碗粿"。我在店里吃碗粿，看到墙上挂着放大的老照片，屋瓦下简陋的木板招牌，摩托车，摊车，汽车，似乎叙述着感动人心的故事。

杨碧缎女士是嘉义人，她大姐就是以卖碗粿营生，耳濡目染，自然习得制碗粿的功夫。这么多年来，夫妻同心协力，认真操持，口味不断提升。他们所制的米酱用在来米磨制，添加地瓜粉，分蒜蓉、芝麻两种，尤以芝麻酱为佳。杉行的香菇碗粿属北部风格，滑嫩中带着弹劲，米香清楚，肉馅硕大饱实，实属杰作。

麻豆中央市场大门口那家"助仔碗粿"最能表现简单质朴之美，创始人李助八岁时就提着母亲炊制的碗粿沿街叫卖，至今已是第三代在经营。现在台湾已无人挑担贩卖这种小吃了。那碗粿的叫卖声，存在于我少年时代的深夜中，由远而近，又渐渐远去，像一切美好的经验。

我尊敬清早即营业的店家，"助仔碗粿"、"杉行碗粿"6点即开始营业，遗憾台北不见这么有社会责任感的店家。台南新忠义路、友爱街口的"阿全碗粿"也是早晨7点即开卖啊。

对台湾人来讲，碗粿有一种亲切的表情。无论碗粿的馅料、米酱如何变化，无论南北味道殊异，总是用一圆形的陶碗盛装着，保温又透气，在台湾小吃中形象非常鲜明，那圆形的外观，象征着圆满。

助仔碗粿
地址：台南市麻豆区中央市场大门口三角窗
电话：06-5720883
营业时间：06:00—12:30

富盛号
地址：台南市中西区西门路2段333巷8号
电话：06-2274101
营业时间：07:00—17:00

小南碗粿
地址：台南市中西区府前路2段140号
电话：06-2243136
营业时间：08:30—19:00

杉行碗粿
地址：彰化县彰化市成功路312号
电话：04-7260380
营业时间：06:00—18:00

通伯台南碗粿
地址：台北市大同区南京西路
　　　233巷19号（永乐市场口）
电话：02-25556092
营业时间：10:20—19:00，周日休息

糕
渣

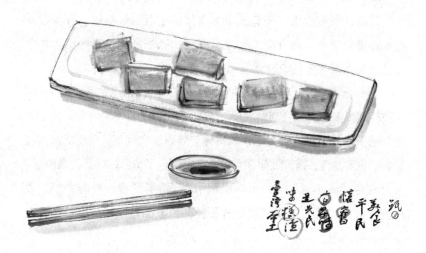

糕渣又名"糕炸"，这种宜兰风味小吃口感似米制品，其实是将剁碎的鸡肉、猪肉、虾仁用鸡汤熬煮二十四小时成浆，滤清后加入玉米粉、太白粉、蛋，以小火续煮，边煮边搅拌至泥状，再倒进抹过猪油的模子中，冷却后切块，裹粉油炸。材料平凡，做工讲究。如今需求量大，供应商、店家已不可能像从前那样繁复地制作。幸亏有料理机先将肉类绞碎成肉泥，再搅匀高汤等其他材料，制为胶状粉浆。

糕渣可谓一种凝固的高汤，或是泥状的萝卜糕，外酥内泥是它的美学形式：表层有一点点酥，里面细而绵，口感像年糕，又似带着肉味的嫩豆腐。

从前，糕渣乃节庆、宴客点心，以宜兰为尊，餐馆、路边摊都吃得到，罗东夜市"小春三星卜肉"即是老字号摊贩，兼卖盐酥鸡、炸里脊肉条。离开宜兰，难觅此味；除非是宜兰菜专卖店如台北"吃饭食堂"、"吕桑食堂"。

有些台式日本料理店亦供应糕渣，是日本餐馆所无。罗东"八味"日式料理屋前身为"合河料理屋"、"丸八"，原为日本人经营，太平洋战争结束后才由台湾人买下，其招牌菜糕渣油炸后，呈白色的面衣宛如裹了一层糖霜，搭配海带和香菜。膏糊混合了蛋白，口感鲜嫩绵密。

宜兰"渡小月"、汐止"食养山房"给了糕渣一种时尚感，渡小月的糕渣切得较大块，盘中有酱汁、萝卜泥，肉馅中有虾仁，并饰以三彩甜椒丝。

食养山房一向赋予宜兰菜日本料理的套餐形式，我觉得这是全球最好的餐馆之一，它的用餐情境令人涤尽俗虑，它营造的氛围令天地静好，它的食物表现简单之美。我怀念和好朋友一起在食养山房吃糕渣，刘鉴铨、萧依钊、曾毓林、陈思和、廖炳惠、常玉慧、曾启瑞……当我书写这些人名时，觉得他们给了糕渣一种珍惜的意思。

金黄色的糕渣，看似温和，里面的膏糊却极烫嘴，因而常被转喻成宜兰人"外冷内热"的性情。真是令人为难的小吃，一定要趁热吃才美，然则外温内烫，初尝的人易烫伤舌头。

果然如此，则糕渣意蕴深厚，它提醒我们，热情若那么滚烫，难免令人却步。我们通过转喻，它仿佛内心深处的呐喊，有一点点拘谨，流动着压抑的基调。冷，并非傲慢或孤僻，多半是木讷，质朴，拙于言辞，却澎湃着渴望。

我认为糕渣是热水瓶式的美学风格，冷与热所形成的对比，存在着矛盾和悖论；它是一种边缘情境，如爱情的诱惑与困惑，如理性与感性，如禁忌与自由。生命中不免常遭遇类似两难的情境，外面的世界虽然冰冷无情，内心却点燃着温暖的火光，含蓄而坚忍。

糕渣的故事，是节俭惜物的意思。它源于经济贫困的年代。起初，宴席结束后，留下一些鸡肉、猪肉、虾等"菜尾"，先民将这些残羹冷炙混合太白粉、玉米粉，熬煮成胶状，再裹粉油炸，竟变身为另一种食物。

因为俭省，糕渣又表现出一种"化作春泥更护花"的意志，暗示寒冷中的温暖，无奈中蕴涵着深情。糕渣似乎告诉我们：不要盯着那锅菜尾叹息，要懂得珍惜。正如雪莱名诗《致——》中所歌咏：

> 玫瑰花已凋萎，
> 落英铺成恋人的床帏；
> 当你离去，对你的思念已萌，
> 是爱情枕着思念入梦。

Rose leaves, when the rose is dead,

Are heaped for the beloved bed;

And so thy thoughts, when thou art gone,

Love itself shall slumber on.

　　凝视一盘外表冷静的糕渣，里面有忍不住的冲动，像迫不及待的询问；那滚烫的内馅有似曾相识的滋味。已经不一样了啊容貌。

　　准此，则糕渣带着戏剧性，它的变身，演出离散之后的重逢，经历了风雨变故之后的重逢。毕竟良辰丽景易逝，良友知己易散，它似乎祈愿一切美好的都能长久，压抑着滚烫，诉说挽留。

渡小月
地址：宜兰县宜兰市复兴路 3 段 58 号
电话：03—9324414
营业时间：12:00—14:00，17:00—21:00

小春三星卜肉
地址：宜兰县罗东镇民权路罗东夜巾内
　　　1109 摊
电话：0937—454218
营业时间：18:00—01:00

八味料理屋
地址：宜兰县罗东镇四育路 151 号
　　　（罗东高中斜对面）
电话：03—9613468，9613469
营业时间：11:30—14:00，17:30—21:00

食养山房
地址：新北市汐止区汐万路 3 段 350 巷 7 号
电话：02—28620078，26462266
营业时间：12:00—15:00，18:00—21:00，
　　　　　周一休息

吕桑食堂
地址：台北市大安区永康街 12—5 号
电话：02—23513323
营业时间：11:30—14:00，17:00—21:30

润
饼

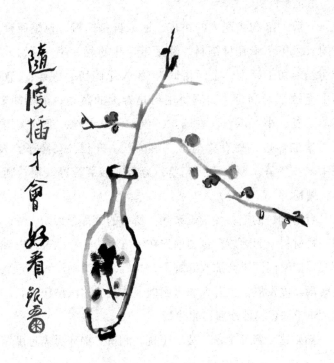

随便插不會好看 瞇畫

润饼，又称润饼卷，厦门称"薄饼"，金门称"七饼"、"擦饼"，堪称春卷的变貌，源自闽南，流行于台湾。这是清明节的应景食物，以饼皮包裹多种时蔬吃。唐宋时春天有吃春盘的风俗，清明吃润饼则是明清时代才发展起来的食俗。

饼皮以薄为佳，台湾传统市场常见的饼皮是面粉和水，搅打成面团，贩者手抓面团打圆，溜溜球般，在一块平圆的铁皮上轻拭一圈，旋即烙干成薄如纸张的饼皮，烙好的饼皮折成扇形待沽。饼皮边缘呈现不规则的疙瘩孔，像好看的蕾丝。皮虽薄，却不乏韧度和弹劲。有些业者会变换饼皮，如新竹北门街"老街刈包润饼专卖店"用全麦饼皮。

一般人都购买现成的饼皮，回家自备馅料，包馅而食。较讲究的人家不下十几种馅料，除了带辛味的葱、芹、蒜切末，其他皆切丝。切工尚细，金门俗谚："粗人无倘切七饼菜"，意谓粗鲁的手无法细切润饼菜。润饼主料是春天的蔬菜，诸如胡萝卜丝、高丽菜丝、小黄瓜丝、香菇丝、蛋丝、豆干丝，都分类切妥，分别用猪油炒过。另有猪肉丝、鸡肉丝、虾仁、乌鱼子，及豆芽、芹菜末、冬笋、萝卜干、芫荽、葱末、酸菜等等。辅料则是花生粉、糖粉。

台湾润饼的馅料较接近泉州，所有的菜都分别切、炒。厦门薄饼则将材料一起烩炒，包裹前先在饼皮上垫一层虎苔。内容也颇为不同，如厦门薄饼会加入海蛎干，高雄、台南则加入皇帝豆。润饼在台湾高度发展，也有人加入卤肉、炸鸡、冰淇淋作主料，辅料甚至加进千岛酱、沙沙酱、甜辣酱。

然则这个酱那个酱，徒增干扰。润饼之美亦毋需过度调味，油和盐皆不宜多，尽量炒得干一点。我欣赏的内馅是春蔬须挽留住原味，表现出清淡甘鲜。

各种食材都分盘装盛，供食者自取，包以饼皮，握而食之，成为握在手中的杂烩菜，形式上又仿佛西式自助餐 buffet。蔬菜有红有白有绿有褐，颜色缤纷。口感亦多元，豆芽、冬笋、小黄瓜的脆，香菇、芫荽的香，葱、蒜、芹的辛，酸菜的酸，以及虾、蛎的鲜味，肉的脂味，众味俱陈，酸碱平衡，一入口，即能瞬间满足吾人味蕾的各区域。

备料丰俭随人，吃时又变化无穷，带着即兴、创作意涵：每人都自挑馅料，自己拿捏花生粉和糖粉的分量，自包自食。由于馅料具杂烩性质，不同的组合遂激荡出相异的味道。食者根据自己对菜肴的理解，和对组合味道的审美观，重新创造出崭新的食品，不仅每个人吃法不同，每一次的创造也都不同。

包裹之前，蔬菜要先滤去水分。粗糙的店家往往只汆过蔬菜，不仅乏香，那蔬菜未滤水分，湿淋淋地泥着糖粉和花生粉，刚拿在手里，饼皮已湿破，一副落魄的样子。

润饼起源于祭祀，无论鬼神或人都爱吃。如今已去仪式化，成为随时可尝的美食，从高档台菜餐馆到小吃店、摊贩都有贩售。我服膺的商家包括桃园市"健民润饼"、新竹市城隍庙前"元祖郭家润饼"、台南市永乐市场旁"金得春卷"。"健民润饼"以咖喱卤萝卜丝，选用鸭蛋炸蛋酥，红烧肉则用猪颈肉，并强调不加糖的粗粒花生粉。"郭家润饼"是百年老摊，饼皮香而饱满弹劲。"金得春卷"一卷使用三张面皮，十几种配料，外形硕大豪奢，最大特色是包好后以高温干煎，既封口又令饼皮酥脆。

坊间美味的润饼多矣，不过还是在家自制最赞。吃润饼的时节，多是全家人在一起的时候，而且鲜少请外人参加。这世间，像润饼这样阖家合力张罗、团圆分享的食物并不多，它总是串联着家族记忆和亲情，很多误会因而冰释，很多家人在一卷润饼中团聚。

健民润饼
地址：桃园市民权路 104 号（金园戏院旁）
电话：03—3324313
营业时间：09:00—21:00,
　　　　　每月第二、第四周的星期二休息

郭家润饼
地址：新竹市城隍庙边 19 号
电话：03—5222285
营业时间：08:00—21:00

金得春卷
地址：台南市中西区民族路 3 段 19 号
电话：06—2285397
营业时间：08:00—18:00

巨峰葡萄

紫葡萄
一盤裏
農家
上桌上
饒的吃

巨峰葡萄是日本人所培育。1937年，日本农学者大井上康将日本冈山县的"石原早生"和外国葡萄交配，培育出这种色泽深紫、外形硕大、果粒圆润、甜度高、弹性佳、果肉饱满厚实的混血种。除了日本，美国加州、智利、新疆也都有出产。台湾是60年代自日本引进，主要产地在彰化县大村乡、溪湖镇、埔心乡，和苗栗县卓兰镇、南投县信义乡、台中县新社乡。

大村乡约有五百甲葡萄园，这里气候温暖干燥，土质松软而肥沃，适合葡萄生长。大村乡巨峰葡萄的主要栽种地分布于过沟、南势、加锡、茄苳、贡旗、田洋等村。"陈家果园"所植巨峰葡萄是喝牛奶长大的：用回收的豆浆、牛奶、羊奶、优酪乳灌溉，以补充葡萄树的营养。葡萄树那么会生产，确实需要好好地补充营养。南势村"奈米休闲农场"用巨峰葡萄制作九重粿，还喂土鸡吃葡萄，号称"葡萄鸡"。

"甜美果园"里有两株号称是全台最高寿的巨峰葡萄树，种于1964年，树茎粗壮，它们在过沟村开枝散叶，子嗣绵延遍及彰化、台中、南投，据说年轻时生育过多，现在虽则还能开花结果，却已是年迈体衰。这两株巨峰葡萄的母檨，彻底改变了地方产业生态。

没有任何水果能像葡萄如此深入人类文化的核心。似乎葡萄园都有自己的故事，像彰化县埔心乡"古月农场"的葡萄藤下，有上百只鸡、鸭、鹅和火鸡巡回啄虫食草，令葡萄园和饲养的鸡鸭鹅共栖共荣。台中县新社乡"白毛台"海拔约600米，其冬果生长期日夜温差常达15℃以上，也是用有机肥液、牛奶、黄豆粕、米糠、益菌一起发酵施肥。

整个彰化县可谓台湾最重要的葡萄产地，种植面积占台湾葡萄园的44%，意即台湾每两颗葡萄就有一颗产自彰化。我很难想象哪个番薯囝仔没吃过巨峰葡萄？从小吃到大，只觉得它好吃，理所当然地美味，直到广泛涉猎养生饮膳的资料，才知道它是多么有益于人体。

　　葡萄有一种天然的聚合苯酚物质，能结合病毒或细菌蛋白质，令其失去致病力。葡萄中的白藜芦醇化合物质，可阻止正常细胞癌突变，并抑制癌细胞扩散。此外，还能防治动脉粥样硬化、恶性贫血，以及消除疲劳、兴奋大脑等等。

　　台湾消费者越来越重视食物的安全健康，果农对品质的自觉意识遂相对提升，许多葡萄也套了袋，农药残留量日益降低。我整箱购买后，就用报纸分串包裹，再套上塑料袋放进冰箱冷藏，吃的时候用水逐颗清洗便可连着皮一起下肚，不必像从前那样神经兮兮地用力搓洗，往往磨破了葡萄皮。

　　至于浸泡盐水，并无涤除农药之效，反而会造成软果，不足为训。葡萄皮上的果粉，常被误会成肮脏尘垢或农药，其实那是好东西，带着健康的暗示。倒是挑选时要挑无腐烂、无虫害者，也要选无药斑、无脱粒的葡萄。

　　巨峰葡萄是鲜食的葡萄，不适合酿酒，二林镇盛产的"金香"、"黑后"，可能是目前台湾最适合酿酒的两种葡萄，前者用来酿白葡萄酒，后者用来酿红葡萄酒。尤其是金香，我很喜欢的树生酒庄"冰酿甜酒"即是用金香白葡萄酿造，酒色呈淡金，酒质轻淡，甜度不高。另一款"金香白葡萄酒"经不锈钢储存槽七个月熟成，酒色淡黄略带青绿，清香优雅，温和平顺。

二林镇内有六十几间酒庄，已发展成台湾的酒乡，假以时日，极有潜力跃上国际舞台。台湾开放民间酿酒后，农村酒庄迅速成长，短短几年已有可观的初步成绩，正式宣告了酿酒工业起跑。这些农村酒庄多在山水明媚的地方，它们除了年轻、充满追求的活力和可塑性，还有一种共同的趋势：结合休闲旅游。

溪湖镇号称"羊葡小镇"，意指盛产羊肉炉和葡萄，我曾在溪湖"百丰酒庄"品饮其得奖作品"经典顶级红酒"，也曾在"杨仔头羊肉店"大啖全羊席时尝过东道主郑重拿出的这款红葡萄酒，可见本土的葡萄美酒已深入彰化人的日常生活。

日前几个香港美食家来台北，大家聚会于中和的餐馆，老板拿出私酿葡萄酒待客，喝了一口，朋友们同声惊呼：是的，就是我们小时候喝过的私酿葡萄酒。这种葡萄酒已成为我们这些中年人的集体记忆，在夏天，葡萄盛产时，洗净玻璃瓶罐和葡萄，拭净风干，一层葡萄一层砂糖，九分满时封存，待过年时开封品饮。那种葡萄酒自然甚甜，甜得很适合还不懂葡萄酒的台湾人。那些酿酒后的葡萄残渣成为零食，足以醉倒每一个孩子。

我自幼失怙，寄养在大阿姨家。有一个风狂雨暴的台风夜，我帮大人将洗净的葡萄挤进玻璃罐里，等待过年时享受私酿葡萄酒的滋味。我一生都会记得那滋味，如何安慰一个忧郁的孩子。

台湾的巨峰葡萄年可两收，夏果盛产期在 6 月至 8 月，到 9 月还吃得到。冬果的盛产期是 11 月至翌年 2 月，11 月就有，2 月还有得吃。巨峰葡萄的身影渐去渐远，我像等候恋人般等待与她的重逢。

陈家果园

地址：彰化县大村乡贡旗村大仑路 6–21 号
电话：04–8532805，0933–191908

甜美果园

地址：彰化县大村乡中正西路 256 号之 2
电话：04–8524766，0932–544380

奈米休闲农场

地址：彰化县大村乡南二横巷 8 号
电话：0910–327075，0933–580427

古月农场

地址：彰化县埔心乡油车村忠义北路
电话：04–8296928，0921–357369

百丰酒庄

地址：彰化县溪湖镇员鹿路 2 段 307 号
电话：04–8613639，8821093

蜜红葡萄

彷彿是一位美艷的村姑名字台灣蜜紅葡萄只宜鮮嘗不宜置放釀酒怕差錯過良機 敬

李昂宅配来一箱"路葡萄隧道农场"的蜜红葡萄，猛然醒悟，啊，蜜红葡萄开始采收了。

　　这种由"金香"葡萄接种改良而来的混血儿外形浑圆，果粒大，色泽艳红，表皮有均匀的果粉。果肉比巨峰葡萄、黄金葡萄都更细嫩多汁，香气更浓郁，带着独特的蜂蜜风味，余韵中还透露轻淡的白兰地香，相当迷人，堪称台湾葡萄中的逸品。

　　蜂蜜真是好东西，水果有了它的气味，仿佛就有了另一番境界。柏拉图襁褓时，有一天被母亲放在香桃木丛中，蜜蜂适时来了，它们把从山上花朵采来的蜜，涂在婴孩的嘴唇上，围着他嗡嗡叫着。很多人认为这是一则预言，表示这位希腊哲学家将有神奇的口才。

　　可惜蜜红照顾不易，易掉果、裂果，产量少，栽培技术门槛高，种植面积远不如巨峰葡萄，也相对不耐久放，不堪长途运送。由于生长时有套袋管理，因此只要以清水冲洗即可享用，我觉得冰镇后风味绝佳。蜜红葡萄还有一种流畅感，吃的时候不像美国加州葡萄需费心剥皮，只要轻轻一挤，香甜多汁的蜜红葡萄即溜入嘴里。

　　鲜食葡萄是台湾重要的经济果树，以内销为主，巨峰葡萄几乎是一统江湖了，约占97%，一年两收。巨峰的夏果期在6月至8月，属正产期；冬果在11月至翌年2月。不过部分果农调节产期，并以塑料布防寒，现在台湾全年都能生产葡萄。

　　我读资料知道，蜜红葡萄是80年代初期才由中兴大学研究团队引进，试作，1990年开始在大村、埔心、溪湖、信义、新社、石冈、东势及卓兰等乡镇试种，起初，农民不了解其生育特性，无法达到经济栽培之目标，致许多农户将蜜红葡萄砍除改种巨峰葡萄。蜜红葡萄之新梢生长势强，枝径粗大，叶形大而厚，叶色浓绿，果穗上着果粒不平均，果粒含种子数不均匀，果粒大小不一致，需有效疏花、疏果。是台湾的农业科技，不断提升了蜜红的品质。

如果世间没有葡萄，人类文明将多么贫困。我偏执地认为，法国、意大利之所以迷人，是因为有广袤的葡萄园；古希腊戏剧之所以迷人，莫不是狄奥尼索斯（Dionysos）的加持。台湾之栽培葡萄甚晚，1953年烟酒公卖局推广酿酒用葡萄，才开始大量种植。

明代冯琦的《葡萄》一诗歌咏了中国葡萄的来历和葡萄酒的美味："暗暧繁阴覆绿苔，藤枝萝蔓共萦回。自随博望仙槎后，诏许甘泉别殿栽。的的紫房含雨润，疏疏翠幄向风开。词臣消渴沾新酿，不羡金茎露一杯。"

我在吐鲁番葡萄沟品尝过无核白葡萄、马奶子、喀什哈尔等多种葡萄，信步葡萄架下，随手摘取鲜葡萄品尝，边吃边欣赏维吾尔人弹琴唱歌跳舞，至今引为生平快事。葡萄沟峡谷位于火焰山西侧，崖壁陡峭，溪流清澈，葡萄园就在溪流两侧，引天山雪水灌溉，那幽邃的葡萄长廊经常浮沉于脑海。然则我必须说，台湾的蜜红，夏果甜度约在20度，冬果甜度约20—22度，论风味气息、论风姿体态，丝毫不逊于吐鲁番的无核白葡萄或马奶子。

1989年我到了北京，特地去拜访汪曾祺先生，他正在书房作一幅画要送我，吩咐我在客厅稍坐。汪太太端来一盘葡萄待客，很得意地对我说："台湾没有这种水果吧。"

蜜红仅适合鲜食，不适合酿酒，目前主要凭葡农直销，"阿僖葡萄迷宫"、"丽水农场"所产亦我所欣赏，阿僖的葡萄每一盒都附无农药残留检验合格报告。蜜红，仿佛是一个美丽的村姑名字，产期分夏、冬两次，夏果在六七月时采收，冬果在12月，比巨峰葡萄略早采收。赏味期短，须把握良机。它似乎提醒世人，人生太苦太短，要珍惜一切美好的时光。

路葡萄隧道农场

地址：彰化县埔心乡二重村南昌南路136巷05号

电话：0939-657393

阿僖葡萄迷宫

地址：彰化县埔心乡二重村南昌西路70号

电话：04-8531149

丽水农场

地址：彰化县大村乡加锡村加锡一巷1-11号

电话：04-8535324

文旦柚

晴窗細乳戲分茶

中秋前，我向麻豆镇农会订购了十箱文旦柚，又零星买了几箱鹤冈文旦、斗六文旦，和八里谷兴农场的黄金文旦柚。秋天若缺乏文旦柚，真不知日子会如何乏味。这些文旦柚大多美味，然而整箱购买有时得靠点运气，毕竟集中了各个产销班的产品，口味多有不同，又非一个个亲自挑选，难免良莠不齐。

文旦柚呈底部宽的圆锥形，个头较普通柚子小，果皮为轻淡的黄绿色，果内是淡黄近透明。选购时要注意体形必须丰满，皮肤清洁光滑，色泽要亮丽，油囊细致，拿在手上掂掂要显得沉实。

柚子的故乡在亚洲，行踪鲜见于欧美。台湾文旦柚的产地越来越广，像传递芳香的圣火，从台南一路往北，到了花东海岸，全台开花，主要产区是台南市、苗栗县、花莲县，尤以花莲产区的规模最大。花莲瑞穗乡的文旦柚园属鹤冈村的品质最好，70年代以红茶闻名，红茶没落才转营文旦，堪称后起之秀。

东台湾的文旦产期略晚于西部。吃来吃去，我犹原偏爱麻豆文旦。相传台湾的文旦在1701年由福建漳州引进，起初种植在台南市安定区附近，道光年间，麻豆人郭药（郭廷辉）用白米换了六株文旦树，种植在尪祖庙，果肉柔嫩饱满，果汁多而鲜甜，扩及全镇后名扬天下，曾进贡给清帝品尝，也曾被指定为日本皇室御用，从而确定了麻豆文旦的地位。

文旦也讲究风土条件。八里乡有多条溪流交错，上游的冲刷搬运形成冲积平原，土质松软，富含有机物，极适合文旦柚生长。麻豆镇亦属古河道地质，曾文溪冲刷出来的土壤富含大量矿物质与有机物，是微量元素均衡而充足的砂质土，加上日照、雨水都充足，栽种出来的文旦特别清甜，一般公认品质最优良，价格也最高。

口碑佳的老欉麻豆文旦通常还在树上时就已被订购一空，有些人更是整株购买。麻豆文旦远近驰名，冒名者众，农会遂推出"柚之宝"商标，纸箱上印有柚子宝宝骑单车图样，经过认证的文旦每粒有一定的重量、甜度、成熟度和外形。2010年，"麻豆文旦"正式登记、执行产地认证标准，确定产地在麻豆，并符合甜度标准。

　　产销履历验证是值得全面推广的制度，麻豆农会集中了许多果树产销班，口碑好的包括一品柚园、老农果园、杞果园、清泉果园、宏吉果园、梁家文旦等等，他们都全程使用有机肥，并尽量以人工除虫害。短视的柚农则多依赖除草剂以降低病虫害、增加产量，造成土质劣化。我想象着，有一天如果台湾不再使用农药，土地将会多么快乐。

　　我曾在木栅旧居的后院种植一株柚树，十年仅收成三粒果实，果皮上都显见椿象、果蝇肆虐的痕迹，难产的经验传为邻居笑谈，实为生平耻辱。哎，如果我早一点读到花莲农业改良场印的《文旦柚有机栽培》，就略懂防治病虫害和土壤培肥管理了。

　　柚树约四岁即开花结果，年轻的柚树生长态势强，根系发达，枝叶繁茂，所生的果实较硕大，皮层较厚，果肉却显得粗糙乏汁，偏酸。树龄十年以上的文旦才渐入佳境，树龄越高结果越多，品质也越好，三十年以上树龄的老欉所生堪称为顶级文旦。盖老树的根系已趋稳定，枝叶也不那么茂盛了，所吸收的养分多注入果实中，果肉细致甜美，风韵成熟。不过树龄三十年以上的麻豆文旦不多，农民只卖给固定的老客户，拥有老欉文旦树的农民，显然是非常值得交往的朋友。

一椀寒夜客來茶 時茶熟

老欉所生的文旦柚蒂头部分较尖，味道较佳，年纪越大所生的文旦柚越小，果皮越薄，果肉绵密、清甜，种子较少较小，像老得漂亮的人，皮肤虽然多皱，却历尽了生活的淬炼，蕴藏的智慧更加饱满。

　　我不赞成一味强调文旦柚的甜度，美味程度在于甜度和酸度的比率完美，微酸，清甜，香气独特才是我们对文旦柚的期待。文旦合理的糖度不应超过12度，为了更甜而调整肥料使用，会伤害柚树。

　　文旦真是好东西，不仅富含维生素C、矿物质、酵素、果胶，中医书说柚子还能消食、去肠胃气、解酒毒。尤其含大量的膳食纤维，能有效促进胃肠蠕动，台湾俗语："吃龙眼放木耳，吃芭乐放枪籽，吃柚子放虾米"，可见吃柚子所放的屁最呛。跟着放出来的臭屁，好像进行过体内大扫除，涤清肠道，通体舒畅。此外，柚花可制造沐浴乳、面膜、洗发精，柚皮放进冰箱可除臭。我童年时住乡下，外婆辄晒干柚皮，刨丝，用来熏香驱蚊。

　　我最美好的文旦经验，是剥给女儿吃，你一瓣我一瓣，吃得嘴角流汁，父女边吃文旦边聊天。我明白这样甜蜜的时光并不长，她们很快就长大了，不再需要爸爸效劳了。

　　文旦柚在常温下可贮藏两三个月，还有什么水果比它更长寿？其表皮经"辞水"干缩显皱后，肉质更柔嫩香甜。节气已过寒露，文旦柚离我们远去时，接力般，红文旦、白柚、西施柚纷纷进入了产季，最后登场的是晚白柚。

麻豆区农会

地址：台南市麻豆区新生北路 56 号

电话：06-5722369

瑞穗乡农会

地址：花莲县瑞穗乡中山路 1 段 128 号

电话：03-8072226

一品柚园

地址：台南市麻豆区南势里 15 之 5 号

电话：06-5723551

老农果园

地址：台南市麻豆区安业里 136 号

电话：06-5728640

杞果园

地址：台南市麻豆区砖井里 33-1 号

电话：06-5723077

梁家文旦

地址：台南市麻豆区总荣里 80 之 9 号

电话：06-5725738，0919-112852

谷兴农场

地址：新北市八里区荖阡村 6 邻 34-5 号

电话：02-86303356

营业时间：周一至周五 11：00-20：00，

周六至周日 10：00-21：00

玉荷包

臺灣玉荷包是荔枝中的極品

也是荔枝中的貴夫人

申酉老作於台北

"玉荷包"荔枝成熟期约在5月中旬至6月中旬,因形模如心形荷包而得名。果壳呈红黄绿相间,属台湾荔枝的中熟高焦核品种,比"黑叶"荔枝早半个月左右。采收期由南往北,甜蜜的接力赛般,从恒春、满州一路北上。其果棘尖而深,内核较小,呈长椭圆形。果肉如玉,肥厚、晶莹且细致,呈半透明凝脂状。皮薄,汁饱满,甜度高,甜中透露轻淡的酸。我尤其喜爱它的微香,尾韵悠长。玉荷包是台湾的精致农产品之一,荔枝中的贵族。

　　早年玉荷包荔枝较为娇嫩,只爱开花,不爱结果;幼果期落果严重,产量不稳定。第一个成功量产玉荷包的果农是大树的王金带先生,人称"玉荷包之父",他将研发的技术分享给其他农友,如今已在各地开枝散叶。

　　荔枝为亚热带的常绿果树,原产于大陆南方地区,台湾从广东、福建引进栽培,自新竹宝山至恒春皆有荔枝园,品种不少,诸如早熟的"三月红"、"楠西早生",中熟的"黑叶"、"沙坑",晚熟的"桂味"、"糯米糍",以及最近农试所培育成功的"旺荔"、"古荔"等等,尤以黑叶为大宗,约占80%。玉荷包质好价优,日显取代黑叶荔枝之势。主要产区在高雄大树,这里堪称玉荷包之乡。现在大树山区果实累累的玉荷包产区,从前只种植甘蔗和地瓜。

　　夏天宛如一场荔枝的嘉年华,驱车在高雄山区,常可见自产自销的农户信誓旦旦地张贴广告:"不甜砍头"。余光中亦有诗记述:"七月的水果摊口福成堆/旗山的路畔花伞成排/伞下的农妇吆喝着过客/赤鳞鳞的虬珠诱我停车/今夏的丰收任我满载/未曾入口已经够醒目/裸露的雪肤一入口,你想/该化作怎样消暑的津甜。"

　　玉荷包即大陆所称的"妃子笑"。另一相近品种是广东的"挂绿"，更是荔枝中的珍品，早在12世纪即有栽培，产地以增城为主。果壳六分红四分绿，红壳上环绕着一圈绿痕，那绿痕流传着何仙姑的故事。朱彝尊有诗赞曰："南州荔枝无处无，增城挂绿贵如珠，兼金欲购不易得，五月尚未登盘盂。"西园挂绿母树已活了四百多岁，连续几年的挂绿拍卖轰传海内外，2004年曾以55.5万人民币拍卖了一粒挂绿荔枝。

荔枝之迷人，如白居易所盛赞："嚼疑天上味，嗅异世间香。"古来骚人墨客竞相吟咏，形成了浓厚的文化氛围，渲染着许多趣闻和传说。

唐代以降，荔枝是永远跟杨玉环相连了，最出名的大概是杜牧的《过华清宫》："长安回望绣城堆，山顶千门次第开。一骑红尘妃子笑，无人知是荔枝来。"南宋的谢枋在《选唐诗》中也说："明皇天宝间，涪州贡荔枝，到长安色香不变，贵妃乃喜。州县以邮传疾走称上意，人马僵毙，相望于道。"东坡的《荔枝叹》亦感叹贡品带给百姓的巨大伤害，前几句节奏急促，摄人心魄："十里一置飞尘灰，五里一堠兵火催。颠坑仆谷相枕藉，知是荔枝龙眼来。飞车跨山鹘横海，风枝露叶如新采。宫中美人一破颜，惊尘溅血流千载。"一次次跨山越河快跑狂奔，杨贵妃送进嘴里的荔枝，颗颗都浸着别人的血。

当年用麻竹筒装荔枝保鲜，将荔枝从涪州（今重庆市涪陵区）运送到长安。麻竹筒容量大，水分足，利于保存新鲜荔枝——先用水浸泡竹筒两天，再将刚采收的荔枝洗净，装入竹筒，以蜂蜡封口，飞骑接力，日夜兼程送到长安。封在麻竹筒内七日的荔枝，果皮保有原色，果肉质地良好，维持原来的新鲜风味。白居易的《荔

玉荔色是臺灣意泰情緻農之產之荔枝中之貴族夫人醬

枝图序》中有几句说："若离本枝，一日而色变，二日而香变，三日而味变，四五日外，色香味尽去矣。"现今冷藏方便，买来后一时吃不完，千万别直接送进冰箱。我惯用湿报纸包覆，再套入塑料袋中，冷藏，以防水分流失。

古人咏荔枝以东坡居士最厉害，他被贬惠州后，初尝荔枝，盛赞："海山仙人绛罗襦，红纱中单白玉肤；不须更待妃子笑，风骨自是倾城姝"；待剥开果皮，品尝果肉，竟以两种水产比喻：似开江鳐斫玉柱，更洗河豚烹腹腴。他另一首七言绝句《荔枝》末两句："日啖荔枝三百颗，不妨长做岭南人"，这才是美食家本色。

台湾的农业科技令玉荷包勇于生育，各农场有独门培育法，施肥方式也不同，"坪顶果园"称采用自然农法栽培，果园内放养土鸡，鸡、果共荣，减少了农药使用。有人给果树喝牛奶，据说可以提高甜度，《旧约》所言的上帝应许的乐土，"流奶与蜜之地"，说的好像是南台湾的荔枝园。

玉荷包的产季短，采收、销售、赏味都必须有效把握。今年受气候影响，约延后了二十天收成。前几天辅仁大学比较文学所博士生孙智龄宅配了一箱送我，品尝这么甜美的礼物，得非常认真地指导这个学生啊。

坪顶果园
地址：高雄市大树区小坪里小坪顶
电话：0919–051651
E–mail：wayway726@yahoo.com.tw

荔玉香
地址：高雄市大树区和山里 106 号
电话：07–6522108
E–mail：shofruit@gmail.com

绿
豆
椪

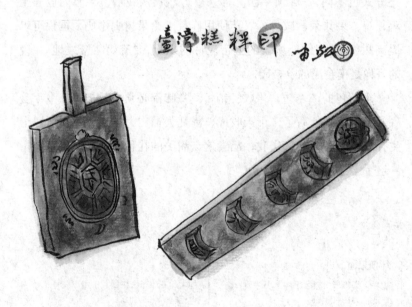

臺灣糕粿印

绿豆椪是一种台式中秋月饼，它支配了我童年的月饼经验，乃至于我后来的月饼味觉，总觉得好月饼就应该像绿豆椪那样，轻淡的甜，或者微咸中带着微甜。所有月饼就属绿豆椪长得最像明月，雪白，圆润的酥皮，里面是黄澄澄的绿豆沙。

　　这并非容易的烘培技术，除了计较饼皮的多层次，一般酥皮烘烤更会呈金黄色，欲维持白皮肤，必须严格管控烤箱的温度。此外，我这种台客式的月饼胃肠，总觉得酥皮要用猪油才好吃。

　　好吃的绿豆椪首先须严选优质的绿豆仁为原料，制成香醇绵密的豆沙馅，加入天然酥油，内馅饱满着绿豆的清香，又看得见颗粒状豆沙，能入口即化。此外，里面的油葱酥必须是现炸的，才不会出现油耗味。

　　郭元益、旧振南大抵统领了我人生前二十年的绿豆椪知觉。旧振南前身是"正利轩饼店"，1890年创立于台南，后来迁到高雄，晚近几年益善于行销，连高铁站也设有据点。其绿豆椪分四种：李白、苏东坡、香菇、蛋黄。李白指内馅为纯绿豆沙，苏东坡则加入卤肉，呈现无厘头式的趣味。

　　一般制作绿豆椪，多加红葱头爆香，那红葱头，仿佛勃拉姆斯（Johannes Brahms）在《匈牙利舞曲》（*Hungarian Dances*）中加进的吉普赛风格，变化多端的装饰，有一种火热的激情，在淡淡的绿豆沙中。一百多年来，不同的制饼师不断诠释它，改编它，演绎它。

　　台中可谓糕饼的故乡，尤其是丰原，号称"饼窟"，名店林立，如南阳路"德发饼行"、中正路"雪花斋"、"老雪花斋"。老雪花斋的"雪花饼"用单面煎烤，薄薄的表皮一层又一层，雪白，微凸。其内馅颜色特别淡，口感相当松。同样在中正路上的还有"联翔饼店"、"宝泉食品"。宝泉的小月饼很体贴我这种血糖偏高的肥仔；我钟爱的重点是个头小，而非内馅选用白凤豆，白凤豆和绿豆只要能精制出豆沙都美。

"裕珍馨"在妈祖庙旁边，饼美，建筑也美，晚近常举办各种文化活动，以饼艺结合宗教、文化，成为大甲美丽的景观。我们去镇澜宫拜拜，不顺便走进去买伴手礼，会有一种辜负感。

专卖素绿豆椪的，以社口"朱记素饼"闻名，他们用花生油和加拿大进口的芥花油取代猪油，再用香菇、豆包取代肉丁和红葱头。此外，其"香菇彩头酥"用萝卜丝、香菇搭配绿豆沙，亦值得称道，好吃又服务了要去拜拜的信徒。其绿豆椪不仅给吾人甜美，相信也予神明幸福感。

"犁记饼店"也在隔壁开了一家素绿豆椪专卖店。此店乃张林犁先生于1894年所创，是中部最古老的饼店，现在叫"社口犁记饼店本店"，店名非常拗口，店家强调自产自销，全世界只有这家店铺在卖特制的绿豆椪，别无分店或其他销售据点。"犁记"最出名的是绿豆椪，制饼技术手工细腻，其产品外形不一，饼皮薄，有时馅料会露出来，烈火热情般，带着饱满欲诉的表情。

犁记秉持"照起工做"的传统美学，制作诚恳，老实，认真，四代都卖绿豆椪，至今仍依古法用松木桶蒸绿豆，饼皮两面烘烤，不添加任何化学香料和膨松剂，其绿豆沙特别松，爽，沙，表皮呈现一种酥脆感。犁记本店在中山高速公路丰原交流道附近，我每次开车路过，总是忍不住暂到社口派出所旁边的这家老店买绿豆椪。

绿豆椪以台中为尊，然则台北人也不必自暴自弃，因为永和有"王师父饼铺"。王师父的"金月娘"毫无猪油味，甜与咸融合得非常快乐。台湾的政治人物应该多吃吃他们家的绿豆椪，学习如何让族群快乐融合。有一年的谢师宴，毕业生赠送老师们每人一小盒王师父的"金月娘"；我素不喜参加谢师宴，那餐吃了什么菜忘得干干净净，唯清楚记得提着金月娘离开餐厅，满心欢喜。

我翻遍《辞源》、《辞海》、《中文大辞典》、《汉语大词典》，均无"椪"字，历代韵书如《广韵》、《集韵》亦皆未见，康熙字典也没有。仅1950年出版的台语字典《汇音宝鉴》注解为椪柑、椪松。可见中文并无此字，仅知道它音碰，膨胀的意思，料想是闽南语转化而来的现代造字。此外，绿豆椪又名"绿豆凸"，"椪"和"凸"都表述外形膨胀凸起，故我认为正确的字应该是绿豆"膨"，不过大家因袭久矣，就让"膨"假借为"椪"吧。

绿豆椪是很赞的茶食，清晨或下午，泡一壶浓茶，吃绿豆椪，阅读，听音乐，学习生活的缓慢，感恩生命的美好。

饮食跟人生一样，总是点点滴滴地修正、调整。如最初的绿豆椪里面除了绿豆馅，还掺了一小块肥肉，现今则改为不油腻的瘦肉丁，并大幅降低绿豆沙的糖分，符合时人的养生需求。然则万变不离其宗，肉丁、红葱头、芝麻、绿豆沙一起翻炒，如管乐、弦乐之共鸣，融合得非常细致，绵密，以丰富的口感诠释了汉饼。那已经形成传统的气味，一直在台湾人的集体记忆中播香。

王师父饼铺

地址：新北市永和区中山路 1 段 283 号

电话：02-27420315，27476136-9

营业时间：06:30-22:30

社口犁记饼店本店

地址：台中市神冈区中山路 520 号

电话：04-25627135，25627132，25625535

营业时间：08:30-22:00

老雪花斋

地址：台中市丰原区中正路 212 巷 1 号

电话：04-25222713

营业时间：09:00-22:00

旧振南饼店

地址：高雄市前金区中正四路 84 号

电话：07-2856868

营业时间：09:00-22:00

和敬
清寂
之禅茶
师绎

面煎饼

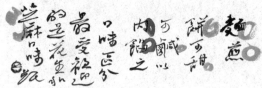

近年罗斯福路骑楼下有两摊"面煎饼"车，各有一位妇人在叫卖，经过时总是听闻她们喊："面煎饼儿，好吃的面煎饼儿"，清楚的北方口音，料想是北方嫁来台北的新移民，为帮助家计，忖量一辆摊车就可以推着到处贩售，创业门槛较低，遂开始卖面煎饼营生。

面煎饼是制作简单的零食点心：搅拌中筋面粉、泡打粉、牛奶、鸡蛋、砂糖，加水拌匀，静置半小时。煎盘加热，先用沾油的布擦拭煎盘，倒入面糊，煎至起泡，加入馅料，煎熟，对折成半月状。制作过程须保持中火。

面煎饼可甜可咸，甜饼的内馅多为芝麻、花生，亦有红豆、奶油、黑糖。咸饼则为胡萝卜丝、高丽菜、葱、起司、肉松。其中最受欢迎的是花生、芝麻口味。成品金黄，外酥内软，奶香混合着饼香，以及花生、芝麻的气味，性质近似枣泥锅饼而面皮较厚，内馅较含蓄。

台湾早有面煎饼，闽南语叫"麦仔煎"，堪称薄煎饼（pancake）的变奏。我推测其流行关系到平底锅传入的时间。平底锅散布热力均匀，适合煎、烤材料，其发明衍生出不少新食品，诸如蛋饼、葱油饼、烙饼、韭菜盒、煎包等等。

面煎饼又类似厦门的"满煎糕"和金门的"满煎叠"，这两种风味小吃都是甜品，所用材料、制作工序大抵和面煎饼一样。满煎糕、满煎叠是煎熟后面浆膨胀满过煎盘而得名。

金门后浦北门街，那摊老字号满煎叠，增添了我服兵役岁月香酥甜嫩的记忆。那时金门犹称"战地"，夜晚宵禁，天地一片阒黑。我多次夜行军时经过那一带，除了海涛潮汐声，赶路中什么也看不清。只有休假日才看清村庄模样，一边比对曾经摸黑路过的街道和田野，一边品尝贞节牌坊附近的小吃。

有时夜行军途中肚子饿了，边走边想白天的满煎叠、广东粥、肉羹面……走着走着竟睡着了。全副武装的队伍以一定的速度行进，后面的步枪碰到我的钢盔，我肩上的步枪也撞到前面的钢盔，肯定有好几个人跟我一样睡着了，哐啷哐啷的碰撞声，敲打乐般形成催眠的节奏，毫不影响睡觉。半夜被叫起来行军到天亮，我们都困极了，边走边睡。有时我梦游般脱离了队伍，走到悬崖边才惊醒，那空荡的行路、空洞的海风，是突兀的节奏忽然提醒我，回到队伍继续睡觉。

我喜欢向那两位大陆来的新娘买面煎饼。据最新的统计资料，外籍配偶以女性为主，六成以上的外籍配偶须扛起家计，成为家庭经济主要来源。而外籍配偶的工作类别，最多的两类为：清洁工作占31.9%，小吃餐饮业占23.2%。她们为了营生，卖起了家乡吃食；她们的家乡味，又一次改变了台湾的饮食风景。

很多人在童年时吃过这点心，为何长大就不吃了呢？利润薄？卖的人少了？那是消失中的童年滋味，唇齿间的思念。生命中也不乏消失的身影，消失的记忆，消失的抱负，消失的情谊，消失了的熟悉的名字。

我喜欢站在摊前看她们烹制面煎饼，当面糊邂逅了煎盘，在高温中热情拥抱，立刻发生强烈的变化，白色的面糊快速转化成金黄，激动地膨胀，播香，甜蜜，携手共创美味。

平日吃过午饭，每见到她们卖面煎饼，我总是买一张回书房，边吃边喝咖啡边读书，似乎时光变得缓慢了些，记忆力和理解力好像也增强了些。

台北咖啡厅

日治时代的茶杯组

咖啡比其他饮料多了些时尚感。我们啜饮咖啡，脸上是品味的形容，大约不会有人用牛饮的办法对付咖啡。咖啡厅又是理想的社交地方，歇脚的所在；巴黎的咖啡厅一开始就是文艺界的社交中心。

台北的咖啡厅算后起之秀，可数量之多、品质之优，足以傲视许多先进城市。我喜欢的咖啡厅很多，以前住木栅时常去"乐尔意式咖啡"和"联禾咖啡"，这两家的咖啡香连接了我们家的生活十几年，至今怀念不已。

金华街"George House"进口印度南部 Balma Estate 农场的野生猴子咖啡豆，风味特殊，带着明显的天然奶香和水果花蜜味。光复南路巷子里的"La Crema 克立玛"店内的真空管音响是一大特色，一边聆听美妙的音乐，一边品饮混合七种咖啡豆的招牌 Espresso，时光真的变得好悠长。老板钟引弘先生认为一杯成功的 Espresso，应该要有厚厚一层赭红色和色泽均匀的奶油。有的咖啡厅索价不菲，像"布拉格"一杯要新台币 500 元，不接受预约，是个很有个性的小咖啡馆。

"上上咖啡"邻近"隆记菜馆"，我在上上喝咖啡都是在隆记吃过饭之后，形成了一种很特殊的咖啡记忆，那杯常喝的曼巴，仿佛连接了上海菜饭，透露着一段古老的身世。这里和多数咖啡厅一样兼营简餐，后来我才知道，他们的餐点如炒年糕、炒饭、排骨菜饭多由隆记菜馆提供，只有罗宋汤自制。上上咖啡厅相当老旧了：铜质雕花杯座，冰咖啡用自煮的咖啡做冰块，楼梯相当窄仄，得提醒自己的脚步，我有几个朋友在这里扭伤了脚踝。空间很适合和老朋友相招来叙旧，对着酒精灯煮咖啡，互相重复一些陈年往事。

附近的"明星西点面包厂"有着全台最浓厚的文学氛围，充满了故事，其前身是几个白俄人在上海霞飞路开的"ASTORIA 咖啡厅"，大股东艾斯尼（George Elsner Constantin Enobche）是末代沙皇尼古拉二世的亲戚，担任皇家侍卫团长。艾斯尼过世后，简锦锥老板为他保留了二楼靠窗的老位置，桌上摆着一杯咖啡、一小盘点心。这才是讲义气的好汉。他不仅照顾朋友，也宽容作家，让他们只点一杯咖啡占位子一整天。青年的林怀民、陈映真、白先勇、三毛、施叔青、柏杨、隐地、季季都曾在这里写作。黄春明在里面边照顾长子黄国珍边写小说，《文学季刊》竟在三楼编辑。

"明星"门口最出名的风景是周梦蝶在骑楼下摆旧书摊，长达二十一年，他每天端坐骑楼下，边卖书边观看来来往往的漂亮妹妹。我高中时约了女朋友专程来拜访，周公知道我远从高雄来，客气地敷衍，可惜女朋友一出现，他眼睛发亮，从此没有再看我一眼，当我是晾在一旁的书架。

明星卖的软糖和火腿是旧俄时代皇族的食物，除了严选材料，熏烤的木材也相当讲究，负责制作的列比利夫（Levedwe）曾任职俄国皇室的厨房。当年"明星"用的咖啡豆是"SW"和"Hills Brother"，另外也搭配俄国咖啡，不过当时犹是雷厉风行"反共抗俄"的年代，对外只能宣称是"马尼拉咖啡"。明星的面包也是领导流行，众所周知的八层蛋糕就是在这里研发成功。1961 年元旦，推出魔鬼、天使、瑞士三种蛋糕，乃全台首见。1964 年又成功制作出可颂面包，也是首次在台湾出现。

"明星"曾是台北最时髦的地方，每次举办晚宴，男士女士都必须穿着很正式才可以进门，宴会上常有人即兴表演乐器，也有人大跳俄罗斯舞。蒋经国先生和夫人就曾是这里的常客，当时蒋经国叫尼古拉，蒋方良唤芬娜。

简锦锥先生令我联想西薇亚·毕奇（Sylvia Beach），1919年至1941年间她在巴黎经营莎士比亚书店，曾接济过海明威。海明威在巴黎时很贫穷，经常处于饥饿状态，有时在圣米榭广场（Boulevard St. Michel）一家雅净的咖啡厅窝一整天，不过他不是只点一杯咖啡，还会陆续点牛奶、朗姆酒、葡萄酒和其他食物。我到巴黎，最想逛的书店就是这里，它有一种强烈的人文魅力。

海明威常光临的丁香园咖啡厅（Café Closerie Lilas）骚人墨客也常去，却鲜见诗人出现，客人多是蓄胡子的中老年人，衣着相当破旧，与他们同来的不是太太就是情妇。我去巴黎时曾刻意去那里喝咖啡，想象阿波利奈尔（Guillaume Apollinaire）、王尔德（Oscar Wilde）在这里的情形。希望将来会有许多外国人来到"明星"喝咖啡，我想象着台湾的作家如何在这里辛勤耕耘。

台北咖啡厅的密度、口味力追塞纳河畔。然而煮一杯好咖啡岂是容易？像上海这么国际化的大都市，就曾缺乏好咖啡厅。有一天下午，我在雨中走进淮海中路的真锅珈琲馆，里面的咖啡并未反映当时的物价，卖的价钱和台北一样，生意竟十分兴隆，我点了一杯较便宜的"阿美丽肯咖啡"，不晓得那杯东西是什么，但肯定不是咖啡，虽然有咖啡颜色，却丝毫无咖啡味，我纳闷那颜色是如何调制出来的。他们使用水彩颜料吗？广告颜料？要喝这样的东西不如去喝墨汁。那"珈琲馆"里热闹非凡，顾客清一色都是年轻人，几乎每一桌都抽烟，室内烟雾弥漫，害我头疼了一夜。幸亏上海的咖啡厅已被台湾人一统江湖，大幅改善了品质。

难忘初抵罗马的清晨，我信步走到旅馆后面的广场，在一家刚要营业的露天咖啡店点了一杯卡布奇诺。坐下来才知道，我旁边就是名闻遐迩的罗马万神殿。我不曾记得那家露天咖啡厅的店名，店名其实一点也不要紧，我相信，意大利多的是这种水平的咖啡厅，一杯地道的卡布奇诺，一块刚烤热的可颂面包，卡布奇诺散发着浓郁的咖啡气味，那气味里明显煮进了文化的热度和香醇，使入口的咖啡从物质的层次提升到了精神层次。

　　露天咖啡座有特殊的魅力。政大环山道上，往樟山寺登山栈道口，假日总是停驻一辆移动咖啡车，咖啡车的旁边，有木造休憩平台和桌椅供登山客使用，我和家人登山前后，常坐下来啜饮卡布奇诺，吃花生酱厚片土司。那杯咖啡以二格山系为背景，近处指南山麓的各种乔木、灌木和藤本植物，远处是大屯火山群，轻风吹拂满山的芬多精，森林，草坪，山樱花，与咖啡香编织出郊游踏青的好时光。我喜欢喝咖啡时看这对年轻的经营者卖力工作，象征一种生活的风格，贩卖一种生活的品位，我期待台湾有越来越多这样有个性的创业者。

　　无论户外或室内，咖啡厅往往被理解成悠闲、宁静的空间，坐下来，仿佛光阴就此变得缓慢，周遭不可能像夜店或啤酒馆般喧哗。搭配咖啡的无非是甜点，饼干蛋糕之属，总是愉悦心情。

　　咖啡厅自然是舶来品，却已经内化为台湾自己的味道，它总是透露出一种幽雅的灯光和温暖的氛围，温馨，优雅，自在。咖啡香中散发着人文气息，独自在里面总是从事心灵活动，翻阅书报杂志，写作，或呆呆看着窗外的建筑、树影，街道上的天光，等人。

明星西点面包厂

地址：台北市中正区武昌街 1 段 5 号 2 楼
电话：02-23815589
营业时间：10:00-22:00

联禾咖啡

地址：台北市文山区兴隆路 2 段 129 号
电话：02-29351252
营业时间：08:00-23:30

玛汀妮芝咖啡

地址：台北市大安区金华街 243 巷 26 号
电话：02-2358 2568
营业时间：12:00-22:00

乐尔意式咖啡

地址：台北市文山区木栅路 3 段
　　　48 巷 1 弄 11 号
电话：02-22349598
营业时间：09:00-22:00，周日休息

马汀咖啡馆

地址：台北市大安区大安路 1 段
　　　202 号 1 楼之 3
电话：02-27051958
营业时间：10:00-22:00

布拉格咖啡馆

地址：台北市大安区温州街 20 号
电话：02-23697722
营业时间：14:00-24:00，周二休息

上上咖啡

地址：台北市中正区延平南路 95 号
（中山堂斜对面）
电话：02-23140064，23314235
营业时间：周一至周六 07:00-21:00，
　　　　　周日及法定假日 09:00-18:00

附录 本书推荐餐饮小吃

台北

广东汕头刘记四神汤
(四臣汤)

台北市中正区南昌路 2 段 2 巷口
(邮政医院后面)
电话：0935-682933
营业时间：15:30-20:30，周日休息

妙口四神汤
(四臣汤)

台北市大同区民生西路，
迪化街交叉口（彰化银行骑楼下）
电话：0919-931007
营业时间：11:00-19:00，周一休息
FACEBOOK：妙口四神汤、肉包专卖店

伍中行
(乌鱼子)

台北市中正区衡阳路 56 号
电话：02-23113772
营业时间：08:00-20:00

阿桐阿宝四神汤
(四臣汤)

台北市大同区民生西路 153 号
电话：02-25576926
营业时间：10:00-05:00

明星西点面包厂
(台北咖啡厅)

台北市中正区武昌街 1 段 5 号 2 楼
电话：02-23815589
营业时间：10:00-22:00
网站：http://www.astoria.com.tw/

三元号
(肉羹)

台北市大同区重庆北路 2 段 9 号、11 号
电话：02-25589685
营业时间：09:00-22:00

上上咖啡
(台北咖啡厅)

台北市中正区延平南路 95 号
(中山堂斜对面)
电话：02-23140064、23314235
营业时间：周一至周六 07:00-21:00
周日及法定假日 09:00-18:00

永久号
(乌鱼子)

台北市大同区延平北路 2 段
36 巷 10 号
电话：02-25557581
营业时间：08:00-18:00
网站：http://www.chiens.com.tw/ 照片由商家提供

通伯台南碗粿
(碗粿)

台北市大同区南京西路 233 巷 19 号
(永乐市场口)
电话：02-25556092
营业时间：10:20-19:00，周日休息

永乐鸡卷大王
(鸡卷)

台北市大同区延平北路
2 段 50 巷 6 号
电话：02-25560031
营业时间：07:30-13:00，周一休息

福缘泉水肉羹
(肉羹)

台北市大同区民生西路 132 号
电话：02-25506117
营业时间：11:30-20:30，周日休息

明福餐厅
(白斩鸡、佛跳墙)

台北市中山区中山北路
2 段 137 巷 18 号之 1
电话：02-25629287
营业时间：12:00-14:30，17:30-21:00

茂园餐厅
（白斩鸡、鱿鱼螺肉蒜）

台北市中山区长安东路 2 段 185 号
电话：02-27528587，27114179
营业时间：11：00-14：00，17：00-22：00
照片由商家提供

（金佳）阿图麻油鸡面线
（麻油鸡）

台北市中山区林森北路 552-2 号
电话：02-25977811
营业时间：周一至周六
　　　　　11：00-24：00，周日 11：00-21：00
网站：http://www.a-tu.com.tw/

菊林麻油鸡
（麻油鸡）

台北市中山区吉林路 385 号
电话：02-25979566
营业时间：周一至周六 11：30-23：00
FACEBOOK：菊林麻油鸡

鸡家庄 长春店
（三杯鸡）

台北市中山区长春路 55 号
电话：02-25815954
营业时间：11：00-22：00
FACEBOOK：鸡家庄

唐宫蒙古烤肉餐厅
（蒙古烤肉）

台北市中山区松江路 283 号 2 楼
电话：02-25051029
营业时间：11：30-14：00，17：30-21：30
网站：http://kid1123.myweb.hinet.net/

成吉思汗蒙古烤肉
（蒙古烤肉）

台北市中山区南京东路 1 段 120 号
电话：02-25373655，0922-333680，0922-497376
营业时间：11：30-15：30，17：30-22：00
网站：http://www.genghisbbq.com.tw/

欣叶
（鱿鱼螺肉蒜）

台北市中山区双城街 34-1 号
（德惠街口）
电话：02-25963255
营业时间：11：30-24：00
网站：http://www.shinyeh.com.tw/ 照片由商家提供

兄弟饭店·兰花厅 台菜海鲜
（清粥小菜）

台北市松山区南京东路 3 段 255 号 2F
电话：02-27123456 转兰花厅
营业时间：11：00-15：00，17：00-22：30
网站：http://www.brotherhotel.com.tw/

点水楼 南京店
（农村佳酿、九层塔）

台北市松山区南京东路 4 段 61 号
电话：02-87126689
营业时间：11：00-14：30，17：30-22：00
网站：http://www.dianshuilou.com.tw/

王记府城肉粽
（烧肉粽）

台北市松山区八德路 2 段 374 号
电话：02-27754032
营业时间：10：00-03：00

小南门福州傻瓜干面
（福州面）

台北市大安区杭州南路 2 段 7 号
电话：02-23944800
营业时间：06：00-23：00

福州干拌面
（福州面）

台北市大安区罗斯福路
2 段 35 巷 11 号
电话：02-23419425
营业时间：11：00-14：30，17：00-21：00

台北

玛汀妮芝咖啡
（台北咖啡厅）

台北市大安区金华街 243 巷 26 号
电话：02-23582568
营业时间：12:00-22:00
网站：http://www.kmtcl.com.tw/

田原台湾料理
（肉羹）

台北市大安区东丰街 2 号
电话：02-27014641

营业时间：11:00-14:00，17:00-21:00，周一休息

古厝肉粽
（烧肉粽）

台北市大安区复兴南路 2 段 17 号
电话：02-27041915
营业时间：11:30-22:00

吕桑食堂
（糕渣）

台北市大安区永康街 12-5 号
电话：02-23513323
营业时间：11:30-14:00，17:00-21:30
网站：http://lvsang.myweb.hinet.net/

一流清粥小菜
（清粥小菜）

台北市大安区复兴南路 2 段 106 号
电话：02-27064528
营业时间：10:00-05:00

布拉格咖啡馆
（台北咖啡厅）

台北市大安区温州街 20 号
电话：02-23697722
营业时间：14:00-24:00，周二休息

小李子清粥小菜
（清粥小菜）

台北市大安区复兴南路
2 段 142-1 号
电话：02-27092849
营业时间：17:00-06:00

马汀咖啡馆
（台北咖啡厅）

台北市大安区大安路 1 段
202 号 1 楼之 3
电话：02-27051958
营业时间：10:00-22:00

涮八方蒙古烤肉
（蒙古烤肉）

台北市大安区安和路 2 段 209 巷 6 号
电话：02-27333077
营业时间：12:00-14:00，17:30-23:00
网站：http://www.shuanbafang.htm.tw/

福州伯古早味福州面
（福州面）

台北市万华区中华路 2 段 370 巷口
电话：02-23018651
营业时间：06:30-14:30

翰林筵
（佛跳墙）

台北市大安区仁爱路 3 段 9 号 B1
电话：02-87735051
营业时间：11:30-14:30，17:30-21:00

热海日式料理海鲜餐厅
（酒家菜）

台北市万华区和平西路 3 段 162 号
电话：02-23063797
营业时间：15:30-01:30

新利大雅福州菜馆
（酒家菜）

台北市万华区峨嵋街 52 号 7 楼
电话：02-23313931
营业时间：11;00-14;00，17;00-21;00
网站：http://www.shinli-daya.58168.net/

黄记老牌炖肉饭
（焢肉饭）

台北市万华区汉口街 2 段 25 号
电话：02-23610089
营业时间：10;00-20;00

金蓬莱遵古台菜餐厅
（酒家菜，鱿鱼螺肉蒜）

台北市士林区天母东路 101 号
电话：02-28711517，28711580
营业时间：11;30-14;00，17;00-21;00
网站：http://hipage.hinet.net/golden-formosa

吟松阁
（酒家菜）

台北市北投区幽雅路 21 号
电话：02-28912063
营业时间：12;00-24;00

野山土鸡园
（白斩鸡，三杯鸡）

台北市文山区老泉街 26 巷 9 号
电话：02-29379437，22173998，
　　　0928-246281
营业时间：周一至周五 16;00-22;00，
　　　法定假日 11;00-23;00
网站：http://www.yeh-shan.idv.tw/

顺园美食
（麻油鸡）

台北市文山区木栅路 3 段 1 号
电话：02-22349063
营业时间：11;30-23;00

乐尔意式咖啡
（台北咖啡厅）

台北市文山区木栅路 3 段 48 巷
1 弄 11 号
电话：02-22349598
营业时间：09;00-22;00，周日休息
FACEBOOK：乐尔意式咖啡

木栅菜市场鸡卷
（鸡卷）

台北市文山区集英路 22 号

景美曾家麻油鸡
（麻油鸡）

台北市文山区景美街 15 号前
电话：0958-400880
营业时间：16;00-01;00

双管四神汤
（四臣汤）

台北市文山区景美街 115 号（景美夜市内）
营业时间：17;00-24;00，周一休息

联禾咖啡
（台北咖啡厅）

台北市文山区兴隆路 2 段 129 号
电话：02-29351252
营业时间：08;00-23;30

基隆

天一香肉羹顺
（肉羹）

基隆市仁爱区仁三路 27—1 号
庙口第 31 号摊
电话：02—24283027
营业时间：07：00—01：00

新北市

食养山房
（糕渣）

新北市汐止区汐万路 3 段
350 巷 7 号
电话：02—28620078，26462266
营业时间：12：00—15：00，18：00—21：00，周一休息
网站：http://www.shi-yang.com/

美美饮食店
（白斩鸡）

新北市石碇区石碇东街 71 号
电话：02—26631986，0935—178313
营业时间：11：00 起，详洽店家
FACEBOOK：美美饮食店

福宝饮食店
（白斩鸡）

新北市石碇区石碇东街 75 号
电话：02—26631529
营业时间：11：00—19：00，周一休息
网站：http://www.prime-tea.com/history/history.aspx

王师父饼铺
（绿豆椪）

新北市永和区中山路 1 段 283 号
电话：02—27420315，27476136—9
营业时间：06：30—22：30
网站：http://sh2.obuy.tw/wangsbakery/

青青餐厅
（鱿鱼螺肉蒜）

新北市土城区中央路 3 段 6 号
电话：02—22691127，22691121
营业时间：11：00—22：00
网站：http://www.evergreenrestaurant.net/

谷兴农场
（文旦柚）

新北市八里区荖阡村 6 邻 34—5 号
电话：02—86303356
营业时间：周一至周五 11：00—20：00，
　　　　　周六至周日 10：00—21：00
网站：http://www.dorisgx.tw/ 照片由商家提供

阿香虾卷
（海鲜卷）

新北市淡水区中正路 230 号
电话：02—26233042
营业时间：11：00—24：00

杨家鸡卷
（鸡卷）

新北市平溪区菁桐街 127 号
电话：02—24951056
营业时间：07：00—22：00，周四休息

宜兰

渡小月
（糕渣）

宜兰县宜兰市复兴路3段58号
电话：03-9324414
营业时间：12:00—14:00, 17:00—21:00

小春三星卜肉
（糕渣）

宜兰县罗东镇民权路罗东夜市内1109摊
电话：0937-454218
营业时间：18:00—01:00

不老部落
（小米酒）

宜兰县大同乡寒溪村华兴巷46号
电话：（日）0919-090061
　　　（夜）03-9614198
营业时间：10:30—16:30
网站：http://www.bulaubulau.com/

八味料理屋
（糕渣）

宜兰县罗东镇四育路151号（罗东高中斜对面）
电话：03-9613468, 9613469
营业时间：11:30—14:00, 17:30—21:00

黑鸡发担担面
（白斩鸡）

宜兰县冬山乡广兴路321号
电话：03-9510066
营业时间：10:00—21:00

林场肉羹
（肉羹）

宜兰县罗东镇中正北路109号
电话：03-9552736
营业时间：08:00—18:00

花莲

瑞穗乡农会
（文旦柚）

花莲县瑞穗乡中山路1段128号
电话：03-8872226
网站：http://rsfa.cm-media.com.tw/
照片由商家提供

台东

鹿鸣温泉酒店
（竹筒饭）

台东县鹿野乡中华路1段200号
电话：089-550888
网站：http://www.lmresort.com.tw/

桃园

健民润饼
(润饼)

桃园市民权路 104 号（金园戏院旁）
电话：03-3324313
营业时间：09.00-21.00,
　　　　　每月第二、四周的星期二休息

春来菜包店
(菜包)

桃园县平镇市环南路 524 号
电话：03-4937634、0910-143047
营业时间：06.00-18.00

黄妈妈菜包店
(菜包)

桃园县平镇市平东路 1 段 187 号
电话：03-4504669
营业时间：06.00-10.30

刘妈妈菜包店
(菜包)

桃园县中坜市中正路 268 号
电话：03-4225226
营业时间：24h

三角店客家菜包
(菜包)

桃园县中坜市中正路 272 号
电话：03-4257508
营业时间：24h
网站：http://www.caibao.com.tw/

福源制茶厂
(酸柑茶)

桃园县龙潭乡凌云村 39 邻 42 号
电话：03-4792533
照片由商家提供

新竹

郭家润饼
(润饼)

新竹市城隍庙边 19 号
电话：03-5222285
营业时间：08.00-21.00

徐耀良茶园
(东方美人)

新竹县峨眉乡峨眉村 10 邻 89 号
电话：03-5800110、0930-842075
网址：http://hsutea.com/

阿娇客家传统美食
(菜包)

新竹县关西镇石光里 466 号
电话：03-5868280、0935-185084
营业时间：05.00-12.00

苗栗

龙华小吃
（福菜）

苗栗县苗栗市胜利里金龙街 122 号
电话：037-337979，0932-526280
营业时间：11:00-14:00，17:00-21:00

饭盆头
（福菜）

苗栗县南庄乡南江村小东河 8-1 号
电话：037-825118，0921-346118
营业时间：10:00-20:00

闻香下马
（福菜）

苗栗县苑里镇天下路 98 号
电话：037-864662
营业时间：平日 11:00-15:00，
　　　　　假日 10:00-20:00，周一休息

日新茶园
（酸柑茶、东方美人）

苗栗县头份镇兴隆里上坪
5 邻 29 之 1 号
电话：037-663749
营业时间：8:00-20:00，周日 13:00-20:00

台中

双江茶行
（珍珠奶茶）

台中市北区学士路 150 号
电话：04-22359070
营业时间：11:00-22:00，
　　　　　每月第二、四个周日休息

竹之乡
（竹筒饭）

台中市北屯区东山路 2 段 1 号
电话：04-22394321
营业时间：11:00-20:00
网站：http://www.bamboo-country.com.tw/

春水堂
（珍珠奶茶）

台中市西屯区朝马三街 12 号
电话：04-22549779
营业时间：一楼 8:30-23:00，
　　　　　二楼 9:30-23:00
网站：http://chunshuitang.com.tw/

金园中餐厅
（农村佳酿）

台中市西区健行路 1049 号
（中港路口）日华金典酒店 15 楼
电话：04-23246111
营业时间：11:30-14:00，17:30-21:00
网站：http://www.splendor-taichung.com.tw/

台中担仔面
（海鲜卷）

台中市西屯区华美西街 2 段 215 号
电话：04-23123288
营业时间：10:00-22:00
网站：http://www.taichungnoodle.com.tw/

雾峰农会酒庄
（农村佳酿）

台中市雾峰区中正路 345 号
电话：04-23399191
营业时间：09:00-17:00
网站：http://www.wffa.org.tw/

台中

树生休闲酒庄
(农村佳酿)

台中市外埔区甲后路水头巷 1-15 号
电话：04-26833298，26830075
营业时间：周一至周五 09：30-17：30，
　　　　　周六、周日 09：00-18：00
网站：http://www.shu-sheug.com.tw/

老雪花斋
(绿豆椪)

台中市丰原区中正路 212 巷 1 号
电话：04-25222713
营业时间：09：00-22：00
网站：http://www.lshj.com.tw/

社口犁记饼店本店
(绿豆椪)

台中市神冈区中山路 520 号
电话：04-25627135，25627132，
　　　 25625535
营业时间：08：30-22：00
网站：http://www.lj-cakes.com.tw/

彰化

杉行碗粿
(碗粿)

彰化县彰化市成功路 312 号
电话：04-7260380
营业时间：06：00-18：00

鱼市场爌肉饭
(爌肉饭)

彰化县彰化市华山路、中正路口
营业时间：22：30 起，卖完为止
　　　　　（约 24：00）

阿泉爌肉饭
(爌肉饭)

彰化县彰化市成功路 216 号
电话：04-7281979
营业时间：07：00-13：30
FACEBOOK：阿泉爌肉饭

黄月亮
(虾猴)

彰化县鹿港镇中山路 435 号
电话：04-7777193，0937-777193
营业时间：09：30-18：30
网站：http://yellowmoon.emmm.tw/

阿章爌肉饭
(爌肉饭)

彰化县彰化市南郭路 1 段 263 号之 2
（中山路 2 段口，彰化县政府旁）
电话：04-7271500
营业时间：17：30-03：30

臻巧味
(虾猴)

彰化县鹿港镇中山路 410 号
电话：04-7769449
营业时间：09：30-17：00

阿南师民俗小吃
（虾猴）

彰化县鹿港镇中山路 401 号
电话：04-7745448
营业时间：周一至周五 10:00-18:00
　　　　　周六至周日 9:00-21:00
FACEBOOK：鹿港阿南师民俗小吃

谢家米糕
（肉羹）

彰化县员林镇中正路 265 号
电话：0919-318646、04-8318646
营业时间：11:00-22:00，周二休息

台湾宝
（大肠包小肠）

彰化县北斗镇宫后街 14 号
（中华电信斜对面，近中华路）
电话：04-8877307
营业时间：11:00-21:00，周一休息

益源鱼子行
（乌鱼子）

彰化县芳苑乡芳汉路
1 段 226 巷 100 弄 9 号
电话：04-8990988
网站：http://yiyuan.tw/

陈家果园
（巨峰葡萄）

彰化县大村乡贡旗村大仑路 6-21 号
电话：04-8532805、0933-191908
网站：http://www.buto.com.tw/
照片由商家提供

甜美果园
（巨峰葡萄）

彰化县大村乡中正西路 256 号之 2
电话：04-8524766、0932-544380

奈米休闲农场
（巨峰葡萄）

彰化县大村乡南二横巷 8 号
电话：0919-327075、0933-580427
网站：http://blog.yam.com/naimifarm/
FACEBOOK：奈米休闲农场
照片由商家提供

古月农场
（巨峰葡萄）

彰化县埔心乡油车村忠义北路
电话：04-8296928、0921-357369
网站：http://grapehu.myweb.hinet.net/

百丰酒庄
（巨峰葡萄）

彰化县溪湖镇员鹿路 2 段 307 号
电话：04-8613639、8821093

阿僖葡萄迷宫
（蜜红葡萄）

彰化县埔心乡二重村南昌西路 70 号
电话：04-8531149
网站：http://tw.myblog.yahoo.com/acgrape

路葡萄隧道农场
（蜜红葡萄）

彰化县埔心乡二重村南昌南路
136 巷 85 号
电话：0939-657393
网站：http://grape66.myweb.hinet.net/

丽水农场
（蜜红葡萄）

彰化县大村乡加锡村加锡一巷 1-11 号
电话：04-8535324

南投

信义乡农会酒庄
（农村佳酿）

南投县信义乡明德村新开巷 11 号
电话：049-2791949
营业时间：08,00-17,00
网站：http://www.52313.com.tw/ 照片由商家提供

天鹅湖茶花园
（竹筒饭）

南投县鹿谷乡和雅村爱乡路 97-6 号
电话：049-2751397
营业时间：08,00-22,00
照片由刘益宏提供

玉山酒庄
（小米酒）

南投县信义乡东埔村开高巷
139-16 号
电话：049-2702971
营业时间：08,00-17,00
照片由商家提供

丰阁民宿餐厅
（竹筒饭）

南投县鹿谷乡竹林村爱乡路
101-10 号
电话：049-2676368
网站：http://www.fg.let.tw/
照片由小半天民宿网提供

嘉义

蒜头市场大肠包香肠
（大肠包小肠）

嘉义县六脚乡蒜头村 188 号

台南

再发号肉粽店
（烧肉粽）

台南市中西区民权路 2 段 71 号
电话：06-2223577
营业时间：09,00-20,30
网站：http://u77s23.myweb.hinet.net/

富盛号
（碗粿）

台南市中西区西门路 2 段 333 巷 8 号
电话：06-2274101
营业时间：07,00-17,00

阿伯肉粽
（烧肉粽）

台南市中西区友爱街 91 号
电话：06-2265307
营业时间：09,00-20,00

小南碗粿
（碗粿）

台南市中西区府前路 2 段 140 号
电话：06-2243136
营业时间：08,30-19,00

翰林茶馆 赤崁店

（珍珠奶茶）

台南市中西区民族路 2 段 313 号

电话：06-2212357

营业时间：09:00-03:00

网站：http://www.hanlin-tea.com.tw/

镇传四神汤

（四臣汤）

台南市中西区民族路 2 段 365 号

（赤崁楼对面）

电话：06-2209686，0927-729292

营业时间：11:30-24:00

金得春卷

（润饼）

台南市中西区民族路 3 段 19 号

电话：06-2285397

营业时间：08:00-18:00

吉利号乌鱼子

（乌鱼子）

台南市安平区安平路 500 巷 12 号

电话：06-2289709

营业时间：10:00-20:30

网站：http://www.karasumi.tw/

FACEBOOK：吉利号乌鱼子 照片由商家提供

周氏虾卷

（海鲜卷）

台南市安平区安平路 408 号 -1

电话：06-2801304

营业时间：10:00-22:00

网站：http://www.chous.com.tw/

府城黄家虾卷

（海鲜卷）

台南市安平区西和路 268 号

电话：06-3506209

营业时间：14:30-20:30

网站：http://www.huang-tn.tw/

助仔碗粿

（碗粿）

台南市麻豆区中央市场大门口三角窗

电话：06-5720883

营业时间：06:00-12:30

麻豆区农会

（文旦柚）

台南市麻豆区新生北路 56 号

电话：06-5722369

网站：http://www.madou.org.tw/

一品柚园

（文旦柚）

台南市麻豆区南势里 15 之 5 号

电话：06-5723551

网站：http://www.madou2.idv.tw/

照片由商家提供

老农果园

（文旦柚）

台南市麻豆区安业里 136 号

电话：06-5728640

网站：http://www.anyeh.org.tw/

杞果园

（文旦柚）

台南市麻豆区砖井里 33-1 号

电话：06-5723077

网站：http://ledking.myweb.hinet.net/

照片由商家提供

梁家文旦

（文旦柚）

台南市麻豆区总荣里 80 之 9 号

电话：06-5725738，0919-112852

网站：http://skycup.pixnet.net/blog

照片由商家提供

高雄

新大港
(大肠包小肠)

高雄市三民区十全一路. 孝顺街口
(保安宫前)
电话：07-3222711
营业时间：14:00-19:30

红毛港海鲜餐厅
(海鲜卷)

高雄市苓雅区三多三路 214 号
(林森路口)
电话：07-3353606
营业时间：11:30-14:00，17:30-21:00
网站：http://www.seafoodnet.com.tw/

坪顶果园
(玉荷包)

高雄市大树区小坪里小坪顶
电话：0919-051651
E-mail：wayway726@yahoo.com.tw
网站：http://dashu-litchi.myweb.hinet.net/
照片由商家提供

荔玉香
(玉荷包)

高雄市大树区和山里 106 号
电话：07-6522108
E-mail：shofruit@gmail.com
网站：http://shofruit.myweb.hinet.net/

旧振南饼店
(绿豆椪)

高雄市前金区中正四路 84 号
电话：07-2856868
营业时间：09:00-22:00
网站：http://www.jzn.com.tw/ 照片由商家提供

金门

恋恋红楼
(珍珠奶茶)

金门县金城镇模范街 22-24 号
电话：082-312606
营业时间：11:00-23:00

福建省

聚春园大酒店
(佛跳墙)

福建省福州市东街 2 号
电话：86-591-87502328

一九三〇年代即使農民生用品的
食塩也必須取得許可証
才能經銷販
賣貨物

阿公愛用 黑人牙粉
玉屜李蕭錕